ABHANDLUNGEN DER DEUTSCHEN AKADEMIE
DER WISSENSCHAFTEN ZU BERLIN

Klasse für Chemie, Geologie und Biologie
Jahrgang 1960 Nr. 1

Dr. KLAUS SCHMIDT und Dr. WERNER SCHWAN

TEKTONISCHE UNTERSUCHUNGEN IN DER NORDOST-RANDZONE DER ZENTRALBALKAN-DECKE

Abhandlungen zur Geotektonik Nr. 19

Herausgegeben vom
Geotektonischen Institut der Akademie

AKADEMIE-VERLAG · BERLIN
1960

ABHANDLUNGEN DER DEUTSCHEN AKADEMIE
DER WISSENSCHAFTEN ZU BERLIN

Klasse für Chemie, Geologie und Biologie
Jahrgang 1960 Nr. 1

Dr. KLAUS SCHMIDT und Dr. WERNER SCHWAN

TEKTONISCHE UNTERSUCHUNGEN IN DER NORDOST-RANDZONE DER ZENTRALBALKAN-DECKE

Abhandlungen zur Geotektonik Nr. 19

Herausgegeben vom
Geotektonischen Institut der Akademie

Mit 27 Abbildungen im Text, 17 Abbildungen auf 9 Tafeln und 2 farbigen Karten

AKADEMIE-VERLAG · BERLIN
1960

Vorgelegt von Hrn. DEUBEL in der Klassensitzung vom 5. November 1959
Zum Druck genehmigt am gleichen Tage, ausgegeben am 15. August 1960

Erschienen im Akademie-Verlag GmbH, Berlin W 1, Leipziger Straße 3—4

Lizenz-Nr. 202 · 100/449/60
Kartengenehmigung: MdI der DDR, Nr. 5279
Gesamtherstellung: VEB Druckerei „Thomas Müntzer" Bad Langensalza
Bestellnummer: 2001/60/II/1
Preis: DM 14,—
Printed in Germany
ES 18 F 2

INHALTSVERZEICHNIS

1. EINLEITUNG

Der zentrale Hochbalkan besteht im Bereich des höchsten Gipfels — des Botev (2376 m) — aus einem Granitkomplex, der in Ost–West-Richtung etwa 30 km lang ist und eine maximale Breite von 12 km aufweist. Die Granite liegen inmitten paläozoischer, mesozoischer und tertiärer Gesteine und wurden zuerst als autochthone Baueinheit angesehen. Später erkannten verschiedene Forscher (St. Bončev (1910), Nikolov & Radev (1927), Landžev (1940) und Antonov (1941)) die Deckennatur des Komplexes. Schließlich sind hier die Feststellungen intensiver Horizontalverschiebungen wieder angezweifelt worden (Masarowitsch 1958 nach Muratow 1946, 1949).

1957 führten mehrere bulgarische Geologengruppen unter Leitung Prof. E. Bončevs im Zentralbalkan Spezialkartierungen im Maßstab 1:25000 durch, welche die Deutung des Kristallins als große nach Norden bewegte Deckscholle erneut bestätigten.

In den Sommern 1957 und 1958 wurde das Kleingefüge der gut aufgeschlossenen Nordost-Randzone des Kristallins und seiner Unterlage von uns untersucht. Da bereits die Spezialkartierung den Beweis für die Existenz einer Decke geliefert hatte, ergab sich die Möglichkeit, von einem gesicherten großtektonischen Bewegungsplan auszugehen und das Kleingefüge auf seine Beziehung zu den Großstrukturen des Gebietes zu untersuchen. Im Falle der Übereinstimmung klein- und großtektonischer Formen mußte sich ein weiterer Beweis für die Deckennatur des kristallinen Komplexes im Hochbalkan ergeben.

In Deutschland ist das Sächsische Zwischengebirge, dessen Kristallin ebenfalls wechselnd als autochthon oder fernüberschoben angesehen wurde, im Hinblick auf die Konturen und die epizonalen Bewegungsbedingungen mit dem Deckenkomplex des Hochbalkans zu vergleichen. Da im Sächsischen Zwischengebirge die Kleinstrukturen aber eine autochthone Aufpressung wahrscheinlich machen, war die Prüfung der Koinzidenz von Groß- und Kleingefüge im Hochbalkan von besonderem Interesse.

Herr Prof. E. Bončev gestattete uns bei den Feldarbeiten Einsicht in die neuesten Kartierungsergebnisse und hat uns ebenso wie Herr Prof. St. Dimitrov bei der Durchführung der Untersuchung in jeder Hinsicht großzügig unterstützt, wofür wir beiden Herren herzlich danken.

2. EINFÜHRUNG IN DIE TEKTONIK DER BALKANIDEN

Der kurze nachfolgende Überblick der Tektonik der Balkaniden stützt sich vor allem auf die Arbeiten E. Bončevs. Die Balkaniden stellen einen alpidischen Faltenstrang dar, der zwischen zwei ältere Konsolidationsgebiete, die Moesische Platte (Nordbulgarische Platte) im Norden und die Rhodopen-Masse im Süden eingespannt ist und sich in drei Längsstreifen gliedert (Abb. 1). Den südlichsten bildet die Srednogorie (das Bulgarische Mittelgebirge), den mittleren die Stara Planina (der eigentliche Balkan) und den nördlichen der Vorbalkan.

Die unmittelbar an die Rhodopen angrenzende Srednogorie ist die Zone der balkanidischen Orthogeosynklinale, die Zone verstärkter Senkung und Sedimentation mit vorwiegend alpinem Faziescharakter und alpinen Faunenelementen. Drei Gesteinsgruppen sind hier zu unterscheiden: 1. Vorgeosynklinale hochmetamorphe Schiefer und Granite,

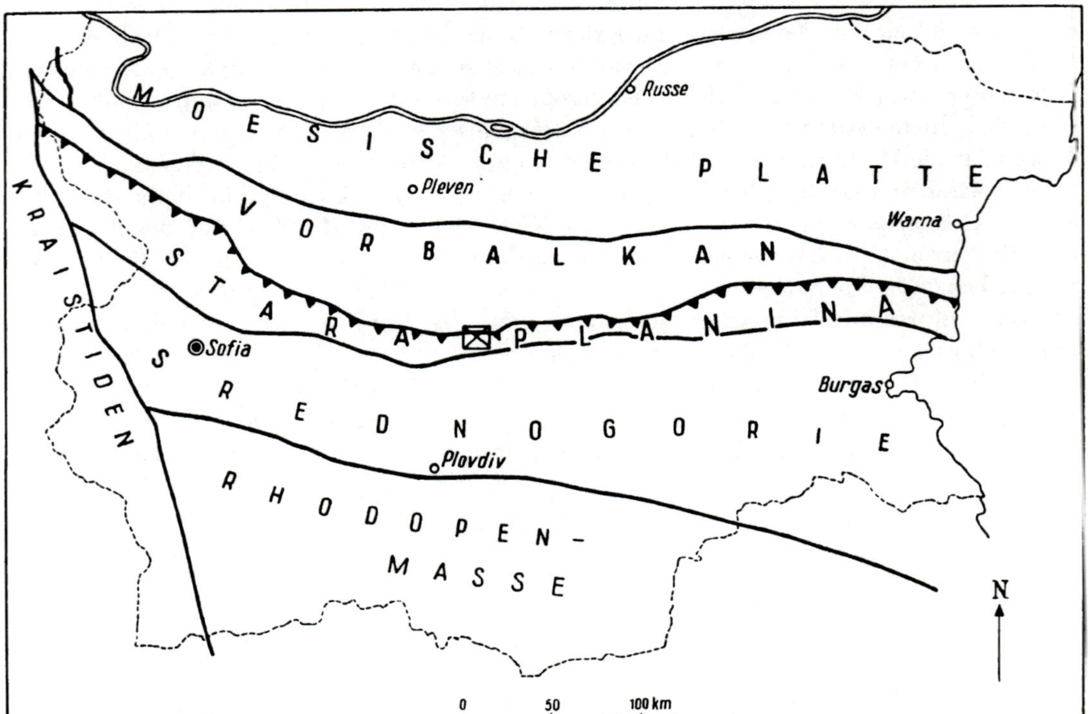

Abb. 1. Tektonische Zonengliederung Bulgariens nach E. Bončev.

Paläozoikum, Trias, Jura und Unterkreide, 2. in geosynklinaler Fazies vorliegende Oberkreidesedimente (Mergel, Kalke und Sandsteine), denen Andesite, Dacite sowie Rhyolithe, Tuffe und synorogene Plutonite eingelagert sind, und 3. die posttektonischen Ablagerungen des Eozäns und Pliozäns.

Die zweite Gesteinsgruppe spielt die Hauptrolle. Das Cenoman beginnt mit Transgressionskonglomeraten, über denen Sandsteine und Mergel folgen. Ähnlich ist das Turon aufgebaut, das abbauwürdige Kohlenflöze enthält. Typische Orthogeosynklinalsedimente bilden die mächtigen Mergelfolgen des Senons, deren vulkanische Einlagerungen den alpidischen geosynklinalen Magmatismus der balkanidischen Zone repräsentieren.

Der erste balkanidische Gebirgsstreifen, die Srednogorie, wurde während der laramischen Stammfaltung der Balkaniden gebildet. In ihr haben sich jüngere Bewegungen — abgesehen von der pyrenäischen — nicht weiter ausgewirkt. Charakteristisch für die Srednogorie ist eine intensive Faltungs- und Überschiebungstektonik mit Nord- bis Nordostvergenz. Durch diese Bewegungen wurden auch die älteren kristallinen Serien stark mylonitisiert.

In Verbindung mit der laramischen Faltung steht ein Plutonismus, der Granite, Syenite und Monzonite geliefert hat. Das Alter der Intrusivkörper konnte am Witoscha-Pluton südlich Sofia nachgewiesen werden. Der Pluton hat Andesittuffe des Obersenons kontaktmetamorph verändert und wird von alttertiären Gesteinen, dem Oligozän von Dimitrov, überlagert, welches Gerölle der Witoscha-Monzonite enthält.

Der Witoscha-Pluton ist also jünger als das Obersenon und älter als das Unteroligozän, womit seine zeitliche Einstufung in die laramische Phase als erwiesen gelten kann.[1] Die laramischen Intrusionen sind in einer West–Ost verlaufenden Zone vom Witoscha über das Plana-Gebirge und die Magmatite von Plovdiv bis an die Schwarzmeerküste bei Burgas zu verfolgen.

Ein Charakterzug der Srednogorie ist die Ausbildung großer Innensenken, wie des ausgedehnten Thrazischen Beckens, und der Becken von Dimitrov, Sofia, Karlovo und Kazanlyk, die alle mit pliozänen und quartären Ablagerungen gefüllt sind. Die Hochgebiete fallen meist schroff mit Höhenunterschieden bis zu 800 m gegen die Becken ab.

Im Norden schließt sich an die Srednogorie die Stara Planina, der eigentliche Balkan, an. Von paläozoischen Schichten sind hier Ordovizium, Silur, jetzt auch Devon (nach Spasov) und Oberkarbon nachgewiesen. Das Ordovizium ist durch grüngraue Schiefer und Quarzite, das Silur durch dunkle Graptolithenschiefer und Kieselschiefer vertreten. Die devonische Folge besteht in der Hauptsache aus dunkelgrauen Schiefern. Das Oberkarbon repräsentieren Konglomerate, Sandsteine und Tonschiefer mit Kohlenflözen. Auch die sogenannte Diabas–Phyllit-Formation, deren Alter nicht feststeht, kann mit ziemlicher Sicherheit dem Paläozoikum zugeordnet werden.

Nach Diskordanzen läßt sich innerhalb der paläozoischen Serien eine mittelvariszische, d. h. wohl sudetische, und eine spätvariszische, wahrscheinlich saalische Faltung unterscheiden. Mit der älteren variszischen Faltung sind Gabbro-, Diorit-, Granodiorit- und Granitintrusionen verknüpft, über welche stellenweise das Oberkarbon transgrediert. Permische subsequente Vulkanite sind ebenfalls bekannt.

Über dem Jungpaläozoikum folgen diskordant Gesteine der Trias, des Jura und der Kreide. Das diskordante Übergreifen des Lias über verschiedene Triasstufen und auf Paläozoikum zeigt im Westbalkan altkimmerische Bewegungen an.

[1]) St. Dimitrov (1942) nimmt mehrere steile, stofflich verschiedene Intrusionen an. Allem Anschein nach gehören aber die Gesteine des Witoscha einem einzigen differenzierten Intrusivkörper an, dessen Achse nach Westen eintaucht.

Das geotektonisch bedeutsamste Entwicklungsstadium der Stara–Planina-Zone fällt ins Lutet, in welchem sich eine Vortiefe nördlich der laramisch gefalteten Srednogorie ausbildete. In ihr wurde eine bis 2000 m mächtige Flysch-Serie des mittleren Eozäns mit Konglomeraten, Sandsteinen, Mergeln und Tonen abgelagert. Im tieferen Obereozän, also während der pyrenäischen Phase, setzte hier die Hauptfaltung ein, in deren Verlauf die Gesteine intensiv nordvergent gefaltet wurden und der Großsattelbau des Balkans entstand. Dabei wurde der Komplex der Stara Planina längs einer Überschiebung, der Stara–Planina-Stirnlinie E. BONČEVS, auf den Vorbalkan aufgeschoben.

Im mittleren Balkan sind pyrenäische Deckenschübe bis zu 15 km Weite festzustellen.

In dem während des höheren Obereozäns wieder vordringenden Meer lagerten sich die Kalke des Priabons ab, die im Untergrund des Thrazischen Beckens noch weithin flach liegen.

Der Vorbalkan, die nördliche Zone der Balkaniden, baut sich vorwiegend aus Mesozoikum auf und stellt das klassische Verbreitungsgebiet der bulgarischen Unterkreide dar. Die in der Unteren Kreide an der Wende Barrême/Apt eingetretene sogenannte ludogorische Faltung ist nur unbedeutend und auf Ostbulgarien beschränkt. Normale und nordvergente Falten vom Juratyp, die in pyrenäischer Zeit entstanden, sind für diese Zone kennzeichnend. Die Achsen der Antiklinalen streichen Ost–West bis Ostsüdost–Westnordwest und laufen der Stirnlinie des Balkans parallel. Mit Annäherung an den stabilen Unterbau der Moesischen Tafel im Norden klingt die Faltung allmählich aus.

3. DIE GEOLOGISCHE SITUATION IN DER NORDOST-RANDZONE DER ZENTRALBALKAN-DECKE

Am Aufbau des Untersuchungsgebietes (Abb. 1) sind folgende Gesteine und Formationen beteiligt (Abb. 2 u. Taf. 1): autochthone Stara-Planina-Granite und allochthone Srednogorie-Granite, Paläozoikum, Trias, Jura — ganz vorwiegend als Tithon —, Oberkreide — speziell durch Turon und Senon vertreten — sowie Eozän.

Der größte Teil des Gebietes besteht aus allochthonen Srednogorie-Graniten, die als große Deckscholle die Massive des Triglavs (2275 m) und Masalats (2195 m), sowie deren weitere Umgebung einschließlich des Hauptgipfels Botev (2376 m) aufbauen (Taf. 1). Durch einen breiten Streifen paläozoischer und jüngerer Gesteine davon getrennt, ist im Gebiet von Tyscha (Goliamo Selo) eine Wurzelzone festzustellen (Abb. 29), in der die Granite am steilen Südhang des Gebirges unter die quartären Ablagerungen des Beckens von Kazanlyk einfallen. Die Wurzelzone fällt hier nahezu mit der Ost–West verlaufenden nördlichen Beckenrandstörung zusammen. Zwischen ihr und der eigentlichen Deckscholle im Norden besteht westlich von Tyscha eine schmale Verbindung. Man geht sicher nicht fehl in der Annahme, daß es sich bei den Graniten um Teile der weiter im Süden in großer Breite ausstreichenden variszischen Plutone der Srednogorie handelt, mit denen die Deckengranite im Gebiet von Kalofer deutlich zusammenhängen.

Die Granite der Wurzelzone bei Tyscha liegen unmittelbar auf dunkelgrauen, weiß verwitternden Kalken des Senons, die sehr viel Hornsteinkonkretionen enthalten und von Konglomeraten und Sandsteinen des Turons unterlagert werden. Darunter folgen Gesteine des Paläozoikums, die zum größten Teil den Südhang des Gebirges nördlich Tyscha aufbauen und in einem langen Wasserleitungsgraben aufgeschlossen waren, so daß sie in einem zusammenhängenden Profil studiert werden konnten. Es handelt sich um graue bis grünliche z. T. phyllitische Schiefer mit Diabaseinlagerungen, die an die Diabas–Phyllit-Formation des Iskergebietes erinnern, an manchen Stellen eine schwache Kontaktmetamorphose aufweisen und kleine Stöcke autochthoner Stara–Planina-Granite enthalten. Größere Vorkommen dieser variszischen Granite werden von den Deckengraniten in der Wurzelregion überlagert. St. Bončev (1910) vermutet, daß es sich bei den Diabaseinlagerungen der Schiefer um silurische Gesteine handelt.

Während der Deckengranit und die Kreide des Wurzelgebietes einheitlich nach Süden einfallen, sind die Lagerungsverhältnisse im Verbreitungsgebiet des nördlich folgenden Paläozoikums sehr kompliziert (Abb. 23). In dem Wasserleitungsgraben kann z. B. häufig relativ steiles Achsenfallen festgestellt werden.

Am Ostrand der Deckscholle und in dem weit nach Norden vorstoßenden Halbfenster nordwestlich Tyscha im Tyschatal ist ein etwa Ost–West streichender Sattel mit paläozoischem Kern zu erkennen, dessen Flanken aus Sandsteinen und Kalken der Unteren,

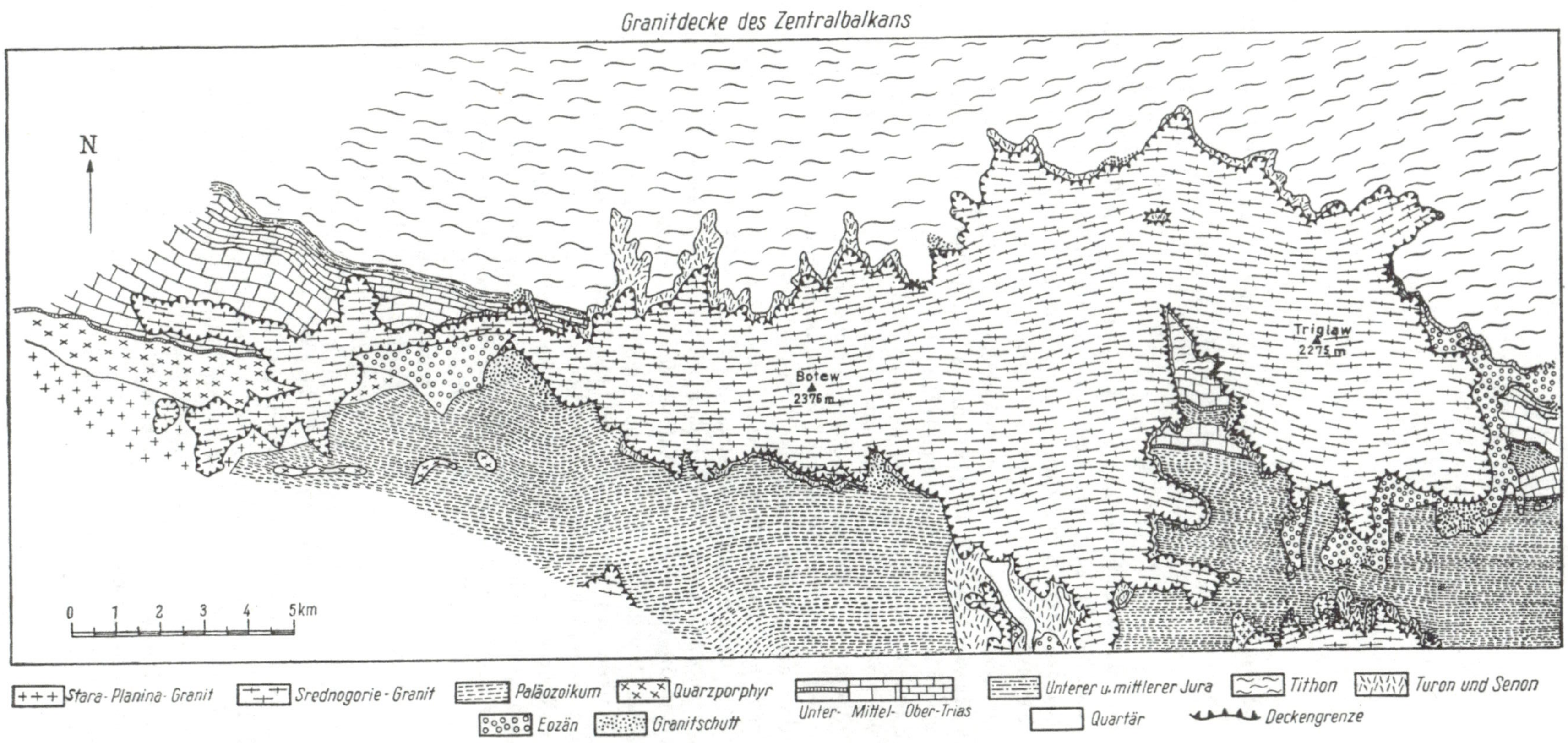

Abb. 2. Übersichtsskizze der Zentralbalkan-Decke (nach E. BONČEV u. a. 1958)

Mittleren und Oberen Trias bestehen. Die triassischen Kalke sind asch- bis dunkelgrau und unterscheiden sich vom Senon vor allem durch das Fehlen der Hornsteinkonkretionen.

Der Nordteil des Halbfensters und speziell das nördliche Vorland der Decke bestehen aus monotonen Folgen von grob- bis mittelkörnigen Sandsteinen, Konglomeraten und grauen bis graublauen Mergeln des Tithons in Flyschfazies, die eine reiche Ammoniten- und Muschelfauna enthalten (St. Bončev 1927, Antonov 1941). In den Aufschlüssen an der Straße im Gabrownitzatal unterhalb der Hütte Masalat fanden sich u. a.

Glochiceras (*Paralingulaticeras*) *lithographicum* (Oppel)
Glochiceras (*Paralingulaticeras*) *haeberleini* (Oppel)
Phylloceras appenninicum Canavari

und in der unmittelbaren Umgebung der Hütte Masalat

Ptychophylloceras ptychoicum (Quenstedt)
Lamellaptychus beyrichi (Oppel)
Inoceramus tithonius Boehm
Berriasella cf. *ciliata* Schneid.[2])

Die Gesteine des Tithons werden in der Regel diskordant von Senonkalken überlagert. Eine ausgezeichnet aufgeschlossene Winkeldiskordanz findet sich im Talriß nordöstlich des Mara Gidik (Abb. 3). Das Tithon streicht hier 95° und fällt mit 80° nach Süden ein. Darauf liegen flach nach Süden fallende (103°/7° Süd), hornsteinführende Kalke des Maastrichts, die in den unteren 4 m über der Diskordanz sandig entwickelt sind und quarzitische Linsen und Bänke enthalten. Diese liegenden Partien können vielleicht noch dem Cenoman angehören.

Auch am Nordhang des Selenikowetz wird das konglomeratische Tithon, das 85° streicht und 50° nach Norden einfällt, diskordant von 12 m mächtigen Senonkalken überlagert, die flach nach Südosten einfallen (85°/15° Südost) (Abb. 4). Darüber folgen mächtige dunkelgrüne Mylonite der Granitdecke. Obwohl die Diskordanz zwischen Tithon und Senon nicht überall so gut aufgeschlossen ist, ergibt sie sich sehr häufig schon aus dem Kartenbild.

Die Senonkalke sind im ganzen Gebiet massig ausgebildet und kaum mit anderen Gesteinen zu verwechseln (Abb. 30). Die Ermittlung der Schichtung ist gelegentlich schwierig, da die Gesteine vor allem in Deckennähe stark zerrüttet sein können oder aber wie in der Umgebung der Mandra von Tyscha (nordöstlich Tyscha) stark gefaltet sind. Für die Ermittlung der Lagerungsverhältnisse ist von besonderer Bedeutung, daß östlich der Hütte Tyscha das Senon in einem kleinen Fenster inmitten des Granits zutage tritt.

Das Eozän transgrediert unter flachem Winkel über das Senon, liegt aber auch örtlich direkt auf dem Paläozoikum und der Trias. Die Auflagerungsfläche steigt im allgemeinen von Süden nach Norden an, die Schichten sind aber im Ostteil vorwiegend nach Westen geneigt. Das Eozän umfaßt sehr feldspatreiche Sandsteine[3]), Schiefer, Kalke, Kalkschiefer und polymikte Konglomerate (Abb. 31), die praktisch alle Gesteine des Untergrundes: paläozoische Schiefer und Quarzite, Granite, Kalke der Trias und der Oberkreide (z. T. mehrere Kubikmeter große Blöcke) sowie Andesite als Gerölle enthalten. Der eozäne Schichtenkomplex erreicht im untersuchten Gebiet Mächtigkeiten bis zu 300 m. An einzelnen Stellen hat die Decke das Eozän aber völlig abgeschert, so daß der Granit un-

[2]) Für die Bestimmung der gefundenen Fossilien sind wir unseren bulgarischen Kollegen zu Dank verpflichtet.

[3]) Eine von Herrn Dipl.-Geol. S. Diener ausgeführte Schwermineralanalyse ergab in der Fraktion 0,1—0,2 mm neben großen Mengen grünen Biotits, Zirkon, Epidot, Apatit, Titanit, Granat, grüne Hornblende und Orthit. Der letzte stammt u. U. aus den srednogorischen Graniten.

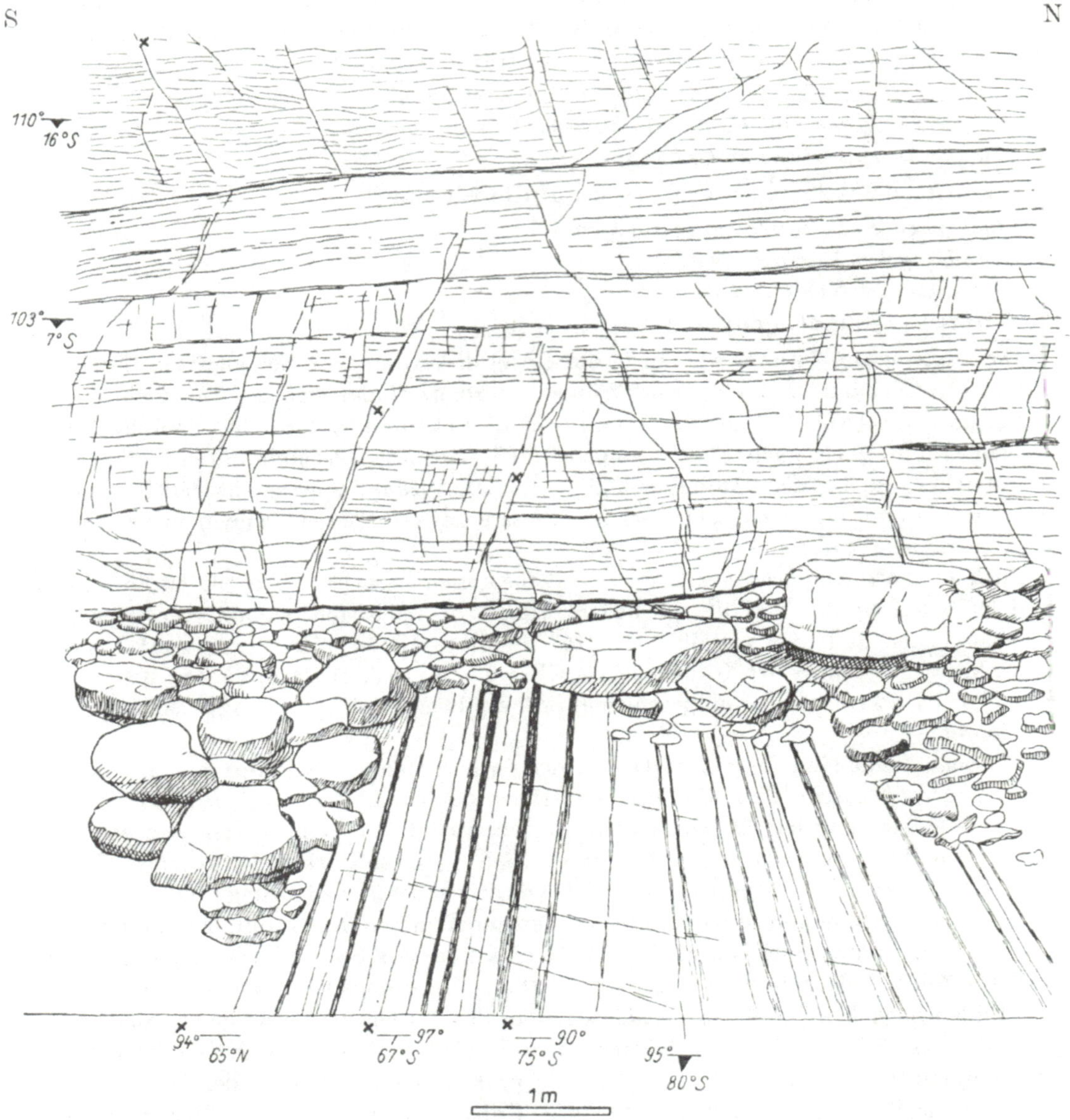

Abb. 3. Diskordanz zwischen Tithon und Senon im Taleinschnitt 1 km nordöstlich des Mara Gidik.

mittelbar auf dem Senon liegt. Da die Andesite ins Obersenon gestellt werden, müssen die Konglomerate jünger sein. LANDŽEV (1940) rechnet die Gesteine zum Auvers, neue Fossilfunde (SAPUNOV) belegen aber auch Lutet. Die in der Literatur erwähnten „Granitgneisgerölle" sind keine hochmetamorphen Gesteine, sondern kataklastische Granite, die vermutlich während der kretazischen Faltung deformiert wurden.

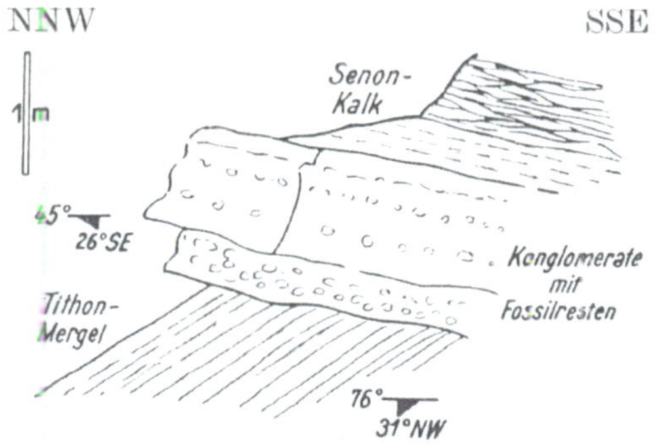

Abb. 4. Diskordanz zwischen Tithon und Senon unmittelbar westlich des Selenikowetz an der Nordspitze der Granitdecke.

Die Lagerungsverhältnisse in der Nordost-Randzone der Decke lassen folgende orogene Ereignisse erkennen:

1. Die diskordante Auflagerung der Trias auf Paläozoikum erweist die Existenz jungvariszischer Faltungsvorgänge.
2. Kimmerische Bewegungen ergeben sich aus dem weitgehenden Fehlen jurassischer Gesteine.
3. Die Winkeldiskordanzen zwischen Tithon und Senon weisen auf kräftige jungkimmerische, austrische oder subherzyne Faltungen (letztgenannte haben nach Vergleichen mit dem östlich anschließenden Gebiet bei Schipka große Wahrscheinlichkeit).
4. Schwache laramische Bewegungen sind durch die diskordante Auflagerung des Eozäns belegt.
5. Die Deckentektonik beweist starke pyrenäische Bewegungen.
6. Junge, mit den Beckeneinbrüchen in Zusammenhang stehende Hebungen haben die ursprüngliche Raumlage des pyrenäischen Bewegungsbildes der Stara Planina weitgehend verändert.

4. DIE GESTEINE UND DAS GEFÜGE DER DECKE

Die Gesteine der Decke bestehen in der Hauptsache aus deformierten Graniten und Apliten, die keinesfalls älteres Kristallin enthalten, wie aus dem in der Literatur verwendeten Begriff „Granitgneis" entnommen werden könnte. Die Gesteine sind in der Regel zu gleichkörnigen Kataklasiten oder grünlichen, feinschieferigen bzw. massigen Myloniten umgeformt, die nur noch undeutlich das primäre Gefüge erkennen lassen. Offenbar lagen ursprünglich gleichkörnige Granite vor, neben denen auch Typen mit blastischen Kalifeldspat-Großkristallen auftraten. Am Westende des Gabrownitzatales sind u. a. Augengranite entwickelt, die megaskopisch den alpinen Zentralgneisen außerordentlich ähneln, im Gegensatz dazu aber epizonal deformierte Granite darstellen. Aplite sind ebenfalls ziemlich häufig, vor allem am Südost-Ende der Decke. Außerdem enthält der Granit nicht selten leukokrate Einschlüsse.

In Richtung auf die Deckenbasis nimmt der Deformationsgrad in der Regel stark zu, so daß grüne massige, teils verquarzte Mylonite überwiegen. Gelegentlich sind an der Deckenbasis graublaue, dichte, splittrig brechende Gesteine entstanden (z. B. nördlich der „Weißen Quellen"). Allem Anschein nach baut sich die Decke aus einem Granit–Mylonit-Komplex auf, dessen einzelne Teile durch Zonen getrennt werden, in denen sich die Bewegungen konzentrierten, so daß auch in den höheren Deckenteilen kataklastische Bereiche mit intensiv zerscherten Myloniten wechseln.

Äußerlich nur schwach deformierte Granite finden sich in der Umgebung der Hütte Tyscha und des Senonfensters östlich davon (Abb. 32). Im Schliffbild ist aber auch hier bereits eine starke Zertrümmerung festzustellen. In manchen Fällen läßt schon die Blaufärbung der Quarze auf eine starke Druckbeanspruchung des Gesteins schließen.

Unter dem Mikroskop sind wechselkörnige Trümmermassen mit Quarz- und ausgeweiteten Feldspatrelikten zu erkennen. Die Plagioklase haben eine filzige oder feinblättrige Hellglimmer–Epidot-Füllung und weisen verbogene oder verworfene Zwillingslamellen auf.

Die Kalifeldspate — fast ausschließlich Mikroklin — sind schwach perthitisch, gelegentlich aber als Schachbrettalbit entwickelt.

Glimmer und Quarze wurden zu dünnen Lamellen ausgewalzt, die häufig zerrissen sind und einzelne Fetzen bilden. Im Verlauf der Deformation wandelten sich die Biotite unter Ausscheidung von Rutil und Leukoxen in Chlorit um.

Als Übergemengteile treten Orthit, Titanit, Epidot, Apatit und diverse opake Erze auf. Epidot und Titanit sind z. T. Produkte der Mylonitisierung.

Die feinkörnigen massigen Mylonite (Abb. 34) bestehen im Schliff aus einer z. T. nur noch schwer aufzulösenden Trümmermasse, die einzelne Relikte enthält und von feinfilzigen, erdigen Hellglimmer- und Epidotmassen erfüllt ist. Teilweise entstehen sedimentähnliche Kornverbände, die im normalen Licht deutlich kantige Bruchstück in einer dichten grünbraunen Grundmasse erkennen lassen, im polarisierten Licht aber eine ziemlich gleichkörnige Trümmermasse bilden, da die Großkornrelikte in sich völlig zerbrochen sind. In einzelnen Proben treten schwach undulöse polygonale Quarzpflaster auf, bei denen es sich vermutlich um Spuren einer postdeformativen Verquarzung handelt.

Die noch ziemlich intakten Gesteine bei Kalofer besitzen, wie aus einigen Proben zu ersehen war, die gleiche Zusammensetzung. Es sind graue, mittelkörnige, hypidiomorphe Granite bzw. Granodiorite mit normaler Ausscheidungsfolge: Biotit (wenig Hornblende), Plagioklas, Quarz und xenomorpher Kalifeldspat (Mikroklin). Die Plagioklase sind zonar gebaut, komplex verzwillingt und zeigen bereits eine schwache Hellglimmer-Epidot-Füllung. Die Biotite lassen beginnende graugrüne Verfärbung und Rutilbildung erkennen. Biotit-Epidot-Verwachsungen sind nicht selten. Auffallend sind neben den üblichen Übergemengteilen wie Erz, Apatit, Zirkon, Titanit und Epidot bis 0,2 mm große, zonar gebaute Orthite.[4])

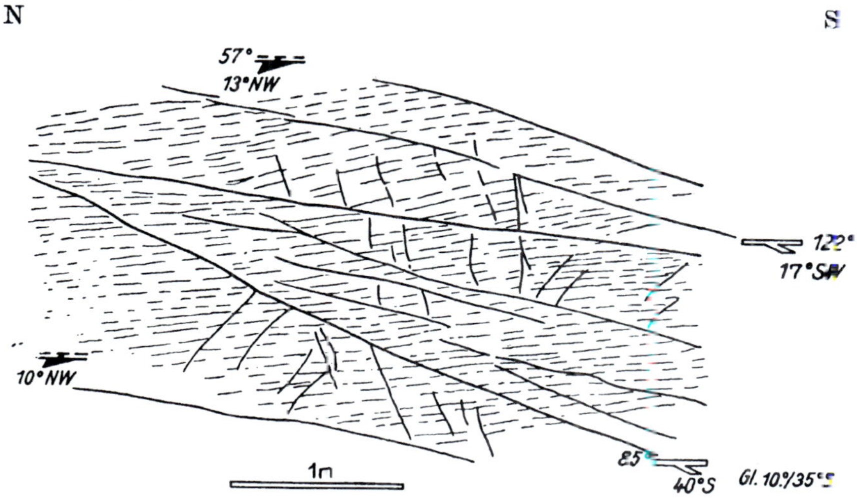

Abb. 5. Parallelgefüge des Granits flach nach Norden und Schubbahnen flach nach Süden fallend. Felsen 2,5 km südwestlich des Masalat.

Die meist richtungslos körnigen Mylonite besitzen häufig aber eine undeutliche Bankung und in einzelnen Bereichen ein ausgeprägtes postkristallines Parallelgefüge (Abb. 33, 36). Die reliktischen Feldspate werden von den einzelne Flächen umflossen, können aber auch völlig in s eingeregelt sein.

Am Schliff erkennt man Scharen 0,2—0,4 mm mächtiger Gleitbahnen, die aus völlig zerriebener Quarzmasse bestehen (Abb. 35). Die Granite werden also von flachen, engscharigen Scherflächen durchzogen, die schließlich zu einer völligen Umformung des Ausgangsgefüges führten. Besonders in der Nähe der Deckenbasis ist das festzustellen. Gute Parallelgefüge sind vor allem im Südost-Teil der Decke entwickelt.

Mit dem Parallelgefüge ist gleichzeitig die Ausbildung einer a-Lineation (=Rillung) verbunden, die in einzelnen Bereichen, speziell an der Südost-Ecke der Klippe, gut ausgebildet ist, in anderen aber ganz fehlt. Eine Verwechslung mit B-Achsen ist hier ausgeschlossen.

Im Gegensatz zu der Bewegung auf den engscharigen „Schieferflächen" hat sich die Bewegung des öfteren auf einzelnen Schubflächen abgespielt, die mehrere Zentimeter

[4]) Die Kristalle haben infolge einer fortgeschrittenen Isotropisierung anomal kleine Achsenwinkel, so daß sie zunächst einachsig erscheinen. Frl. Dr. PASCAL war so freundlich, eine röntgenographische Bestimmung durchzuführen, welche das Mineral als Orthit auswies.

breite Mylonitbeläge tragen können und das Parallelgefüge diskordant schneiden. Ihr Streichen und Fallen wechselt im Hinblick auf die Lage des Parallelgefüges. Abstände und Ausdehnung der Flächen variieren ebenfalls stark. Da das postkristalline s von ihnen diskordant geschnitten und geschleppt wird, ist ein wenn auch sicher unwesentlicher Altersunterschied zwischen beiden vorhanden (Abb. 5). Im Falle der Parallelität beider Elemente ist eine Trennung unmöglich.

Ein Teil der Klüftung muß dem Deckentransport zugeschrieben werden. Der primäre magmentektonische Fugenplan ist aus der Vielzahl der verschieden alten Flächen nicht mehr zu rekonstruieren.

In einzelnen Bereichen sind verhältnismäßig einfache Kluftpläne, u. a. Diagonalklüftung, entwickelt (Taf. 1), in anderen ist das Gestein aber regellos zerspalten und zerbrochen, so daß z. T. Kluftkörper von Kubikzentimetergröße entstehen. Besonders in den aplitischen Varietäten findet sich eine ausgezeichnete engständige und plattige Klüftung (Abb. 28).

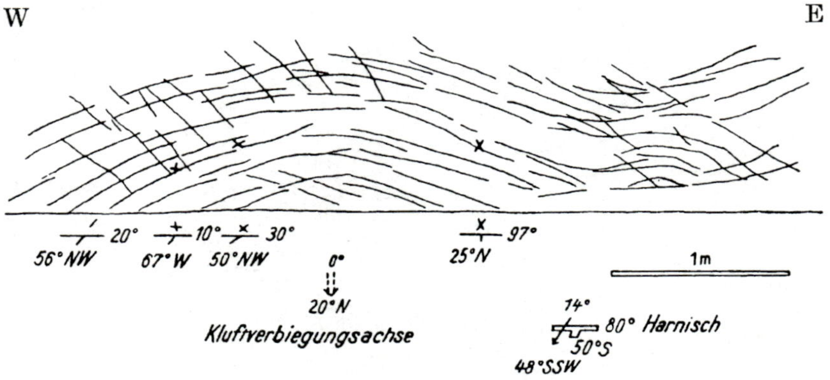

Abb. 6. Verbogene Klüftung und schwache Lagerverbiegung um eine Nord–Süd-Achse an der Südostecke des Granits über der Mandra von Tyscha

Die Klüfte sind öfter mit dünnen Quarzfilmen belegt und als Bewegungsflächen benutzt worden, so daß auch die Unterscheidung zwischen Klüften und Schubflächen — in Fällen sehr engständiger, äquidistantieller Klüftung sogar zwischen Klüftung und Parallelgefüge — schwierig sein kann.

Vereinzelt sind die Kluftflächen durch jüngere Bewegungen deformiert. An der Südost-Ecke der Decke z. B. läßt sich in einem Fall deutlich zeigen, daß die Klüfte um eine Nord–Süd-Achse verbogen wurden (Abb. 6), was auf eine nach dem Deckenschub eingetretene Beanspruchung hinweist.

Die wichtigsten Gefügedaten sind in den folgenden Diagrammen dargestellt und zwar so, daß die Mittelwerte der einzelnen Meßpunkte zur Projektion gebracht wurden. Dabei schien es ratsam, Nord- und Südteil der Decke getrennt zu behandeln, da die Verhältnisse im Süden noch recht übersichtlich sind, im Norden an der Stirn der Decke jedoch in stärkerem Maße mit Schollengleitungen und -kippungen zu rechnen ist. Außerdem komplizieren sich infolge des Materialstaues an der Deckenstirn die Gefügeverhältnisse im Norden.

Da die inneren Teile des Gebietes weitgehend mit Wacholderheide bewachsen sind und nur vereinzelte, stark verwitterte Granithöcker aufragen, wurden die Messungen vorwiegend an den gut aufgeschlossenen Randpartien der Decke vorgenommen. Die s-Flächen im Südteil bilden ein Maximum bei etwa 110°/20° Süd (Abb. 7). Im Norden dagegen ist das von den Flächenpolen belegte Feld deutlich in der Nord–Süd-Ebene gedehnt, da hier in etwas stärkerem Maße auch nach Norden geneigte Flächen entwickelt sind. Das Hauptmaximum bilden aber ebenfalls die etwa 110°/20° Süd lagernden Flächen (Abb. 8). Die angedeutete Querdehnung der Maxima kann u. U. auf eine seitliche Einengung des Deckenkörpers hinweisen, wie er etwa in der Verbiegung mancher Klüfte zum Ausdruck kommt. Doch sind solche Abweichungen auch durch lokale Verlagerungen bedingt, die mit der Großtektonik kaum etwas zu tun haben.

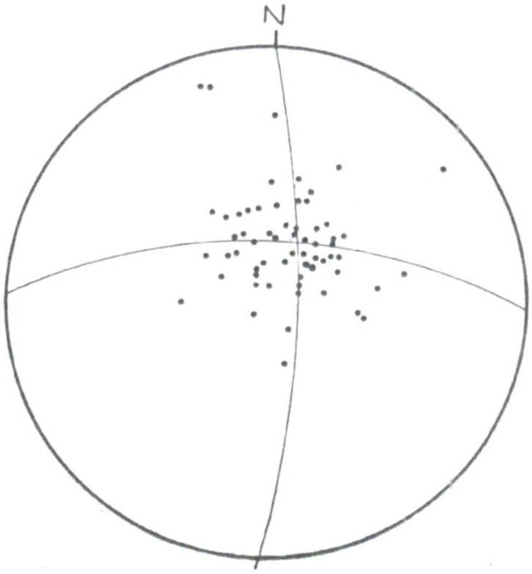

Abb. 7.
Flächiges Parallelgefüge am Südrand der Decke innerhalb des Untersuchungsgebietes

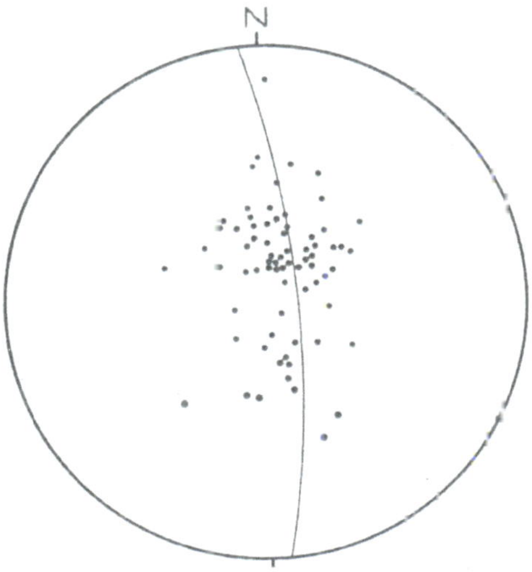

Abb. 8.
Flächiges Parallelgefüge an der Stirn der Decke

Die Schubflächen in der Decke haben eine den s-Flächen analoge Raumlage. Im Süden sind verhältnismäßig wenige Messungen durchzuführen gewesen, dennoch zeigen sich im Süd- und Nordteil gleichermaßen vorwiegend flach nach Norden und Süden fallende Flächen, die zu einem Scherflächensystem zusammengefaßt (etwa im Sinne der Hauptmaxima im Nordteil) und auf eine Nord–Süd verlaufende Symmetrieebene bezogen werden können (Abb. 9, 10). Diese Verhältnisse sind z. T. deutlich in größeren Aufschlüssen, wie

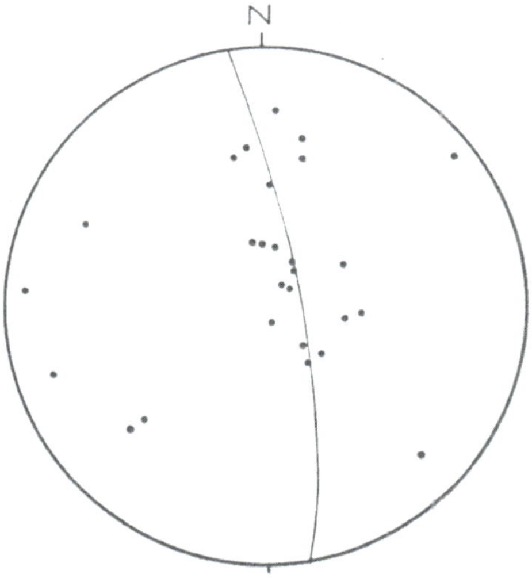

Abb. 9. Schubflächen am Südrand der Decke

Abb. 10. Schubflächen am Nordrand der Decke

etwa nordöstlich des Senonfensters, festzustellen, wo flach nach Süden und Norden geneigte Scherflächen im Granit entwickelt sind (Abb. 11).

Dementsprechend ordnet sich die a-Lineation (Rillung) ebenfalls vorzugsweise in der Nord–Süd-Ebene an (Abb. 12, 13). Während aber im Süden in der Hauptsache Südfallen festzustellen ist, sind im Norden Maxima Nord und Süd bzw. Südost oder Südwest fallender Lineation entwickelt. Außerdem erfolgten Bewegungen an steilen Flächen.

Insgesamt ergibt sich ein Bewegungsplan mit meridionaler Symmetrie, dessen tektonische Haupttransportrichtung (Süd–Nord) aus kleintektonischen Bewegungsbildern zu ermitteln ist.

Die Kluftdiagramme sind verwickelter als die der anderen Gefügedaten (Abb. 14, 15). In den Diagrammen beider Teilbereiche zeigen sich aber etwa die gleichen Häufungen. Es sind im wesentlichen Ost–West, Nordwest–Südost und Nordost–Südwest streichende Flächenscharen entwickelt, unter denen 20°, 50° und 85° streichende Flächen am häufigsten

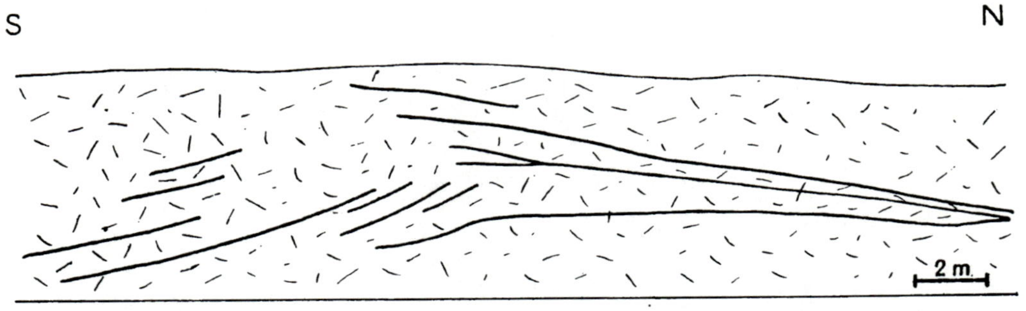

Abb. 11. Schubflächen im Deckengranit nordöstlich des Senonfensters

hervortreten. Während im Norden die Fugen der genannten Maxima vorwiegend vertikal stehen, fallen die 20°- und 50°-Flächen im Süden vorzugsweise steil nach Südosten. Eine eingehendere Analyse des Kluftplanes ist wegen der Überlagerung verschieden alter Klüftungen im Rahmen dieser Arbeit nicht möglich.

Die Parallelgefüge der Granitmylonite zeigen nicht selten typische Verformungen, die als Indikatoren der Haupttransportrichtung verwendet werden können. Neben Verwerfungen sind es vorwiegend Schleppungen an Gleitflächen oder Verfaltungen, die in der Hauptsache eine Nordvergenz der Bewegung im jeweiligen Teilbereich erkennen lassen. Südvergente Strukturen treten ebenfalls auf, spielen aber keine wesentliche Rolle und können lokalen Ausgleichsbewegungen zugeschrieben werden.

Die Bewegungsbilder sind im allgemeinen am besten in den steilen randlichen Abbrüchen der Granitdecke aufgeschlossen, die sich deutlich morphologisch abzeichnen, da der Granit viel witterungsbeständiger ist als die ihn unterlagernden Schichten (Abb. 38). Als bemerkenswerte Erscheinungen des Nordrandes sind isolierte Granitkörper hervorzuheben, die durch Schweregleitung von der Deckenbahn abgerissen wurden und an den steilen Hängen absanken. So findet sich ein großer Granitklotz nordöstlich des Masalat inmitten von Eozän-Schichten und Senon-Kalken. Er liegt mit seinen basalen Teilen ca. 200 m unter dem Niveau der Deckenbahn, die SW davon ausstreicht (Abb. 37).

Aus der Fülle der beobachteten Kleinstrukturen seien einige herausgegriffen. Am Nordrand des Granitkomplexes finden sich z. B. am Mara Gidik typische Tangentialstrukturen mit Nordvergenz (Abb. 16). Die Nordbewegung im Granit wird aber insbesondere durch Kleinstrukturen im Südteil des Komplexes klar nachgewiesen (Abb. 17, 18, 39, 40).

Abb. 12. a-Lineationen (Rillung) im Südteil der Decke (Punkte). Maximum der Faltenachsen im Senon und Eozän am Südrand der Decke (durch gebrochene Linie umrandet). Maximum der Falten im Paläozoikum am Südhang oberhalb Tyscha (schraffiert)

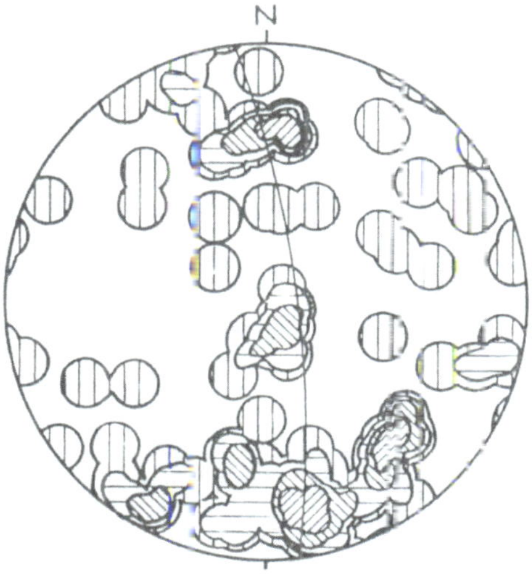

Abb. 13
a-Lineationen (Rillung) im Nordteil der Decke

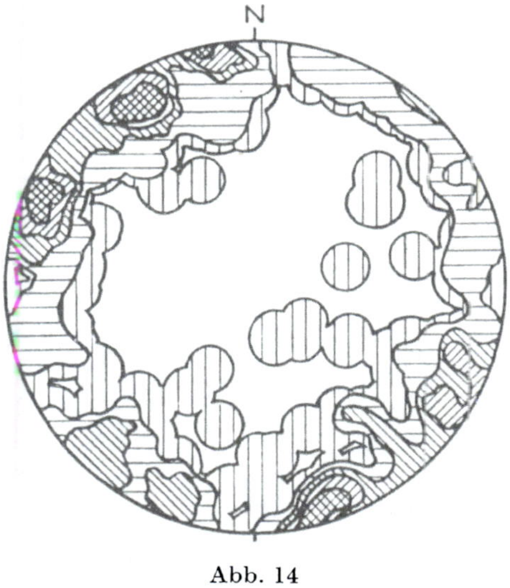

Abb. 14
Hauptklüftung im Südteil des Deckengranits

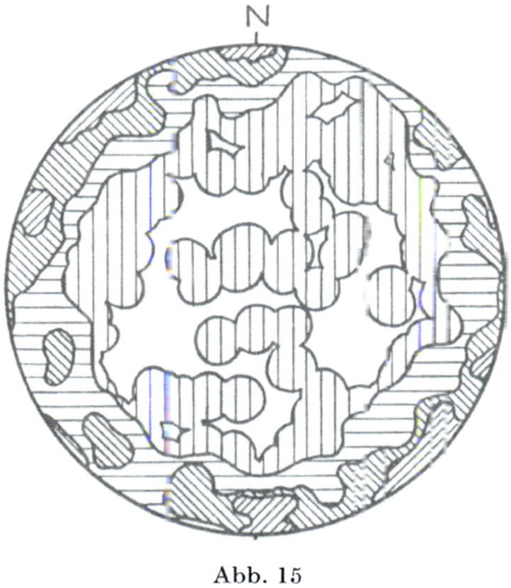

Abb. 15
Hauptklüftung im Nordteil des Deckengranits

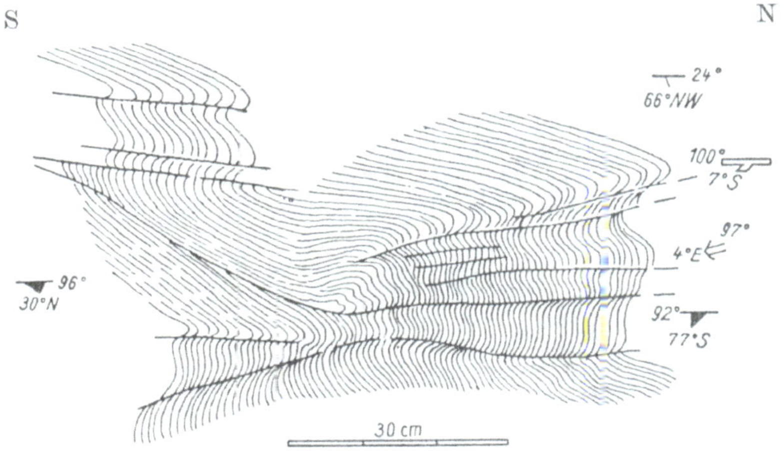

Abb. 16. Tangentialstrukturen von der Nordwestseite des Mara Gidik

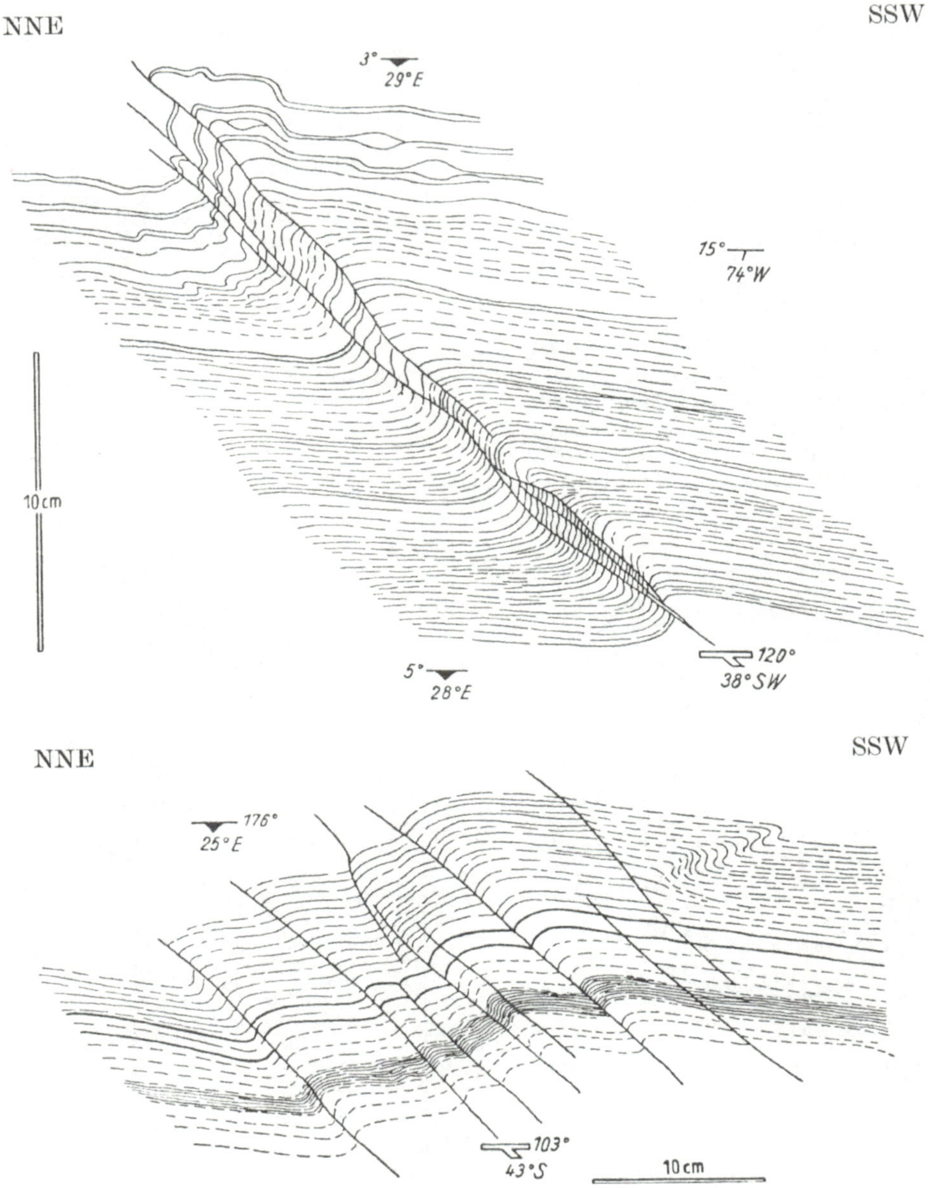

Abb. 17. Nordüberschiebungen im Granit, Felsen unmittelbar unter dem Weg 1 km südsüdwestlich des Masalat

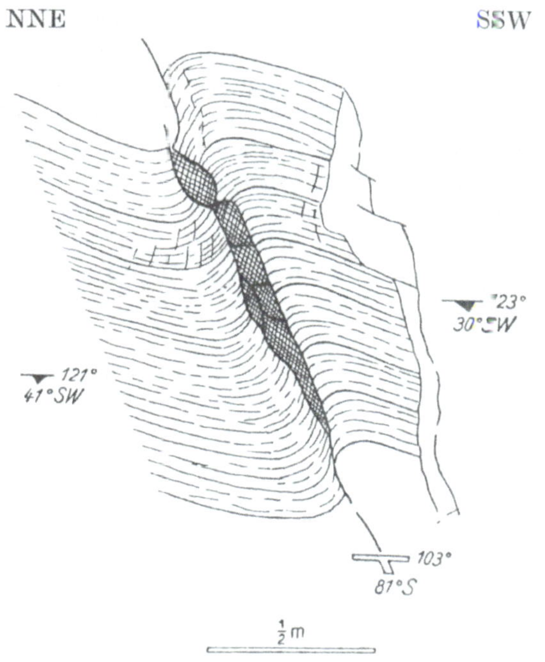

Abb. 18. Steile Aufschiebung nach Nordosten in den Felsen der Südostecke des Granitkomplexes

5. DIE DECKENBASIS

Von besonderem Interesse ist die Beschaffenheit der eigentlichen Deckenbahn und ihrer Beziehung zu der Unterlage. Die Höhenlage der Deckenbasis ist durch die jungen Hebungen des Gebirges stark verändert worden, so daß ihr ursprüngliches Einfallen nicht mehr ohne weiteres zu rekonstruieren ist. Die Basis des Deckenrandes nördlich Tyscha liegt etwa 1350 m hoch, erreicht oberhalb der Mandra aber schon 1580 m. In dem großen Halbfenster weiter im Westen beträgt ihre Höhe 1310 m bis 1340 m und steigt von hier zu den „Weißen Quellen" am Osthang des Masalats um etwa 660 m auf 1990 m an.

Einen stetigen Anstieg vorausgesetzt, kann am Triglav mit einer Granitmächtigkeit von ca. 450 m gerechnet werden. Die Basis der Deckenstirn erreicht am Selenikowetz ca. 1450 m, an den „Singenden Felsen" aber die 1660 m-Isohypse. Die Schubfläche im Ostteil der Decke steigt im ganzen gesehen also nicht nur von Süden nach Norden, sondern auch von Westen nach Osten an.

Diese großräumige Lage wird jedoch durch lokale Verbiegungen modifiziert, bei denen nicht zu entscheiden ist, ob es sich um ursprüngliche Reliefunterschiede des Untergrundes, um tektonische Verformungen im Sinne von Deckensätteln und -mulden oder um Folgen posttektonischer Schweregleitungen handelt. Nordwestlich der „Weißen Quellen" fällt die Deckenbasis z. B. um 450 m ab, erreicht in der großen Bucht südwestlich der Hütte

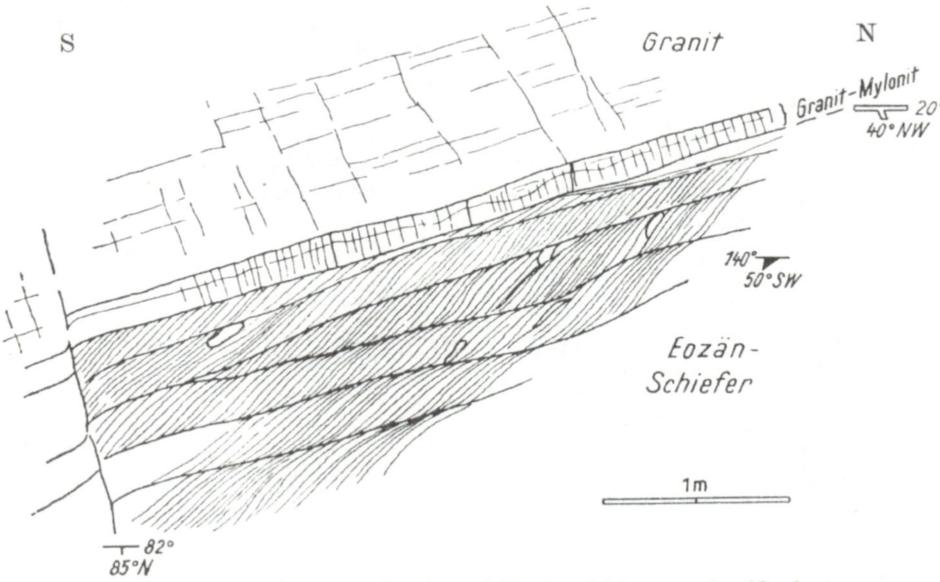

Abb. 19. Schubfläche zwischen Granit und Eozänschiefern an der Nordostgrenze des Granits 950 m ostnordöstlich des Masalat

Masalat 1540 m und steigt dann zu den „Singenden Felsen“ wieder auf 1660 m an. Im Gegensatz dazu scheint weiter im Westen ziemlich flache Lagerung zu herrschen, denn die Deckenunterkante liegt in dem kleinen Senonfenster östlich der Hütte Tyscha etwa im gleichen Niveau wie die Deckenstirn weiter im Norden.

Die unmittelbare Auflagerung des Granits auf dem Eozän bzw. Senon ist an mehreren Stellen gut aufgeschlossen und zeigt in fast allen Fällen eindeutige Merkmale eines Süd-

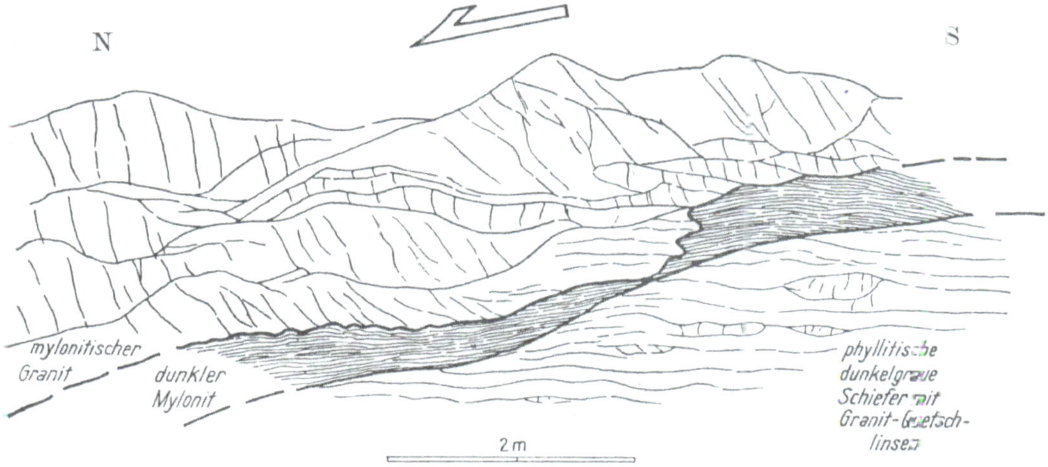

Abb. 20. Granit auf dunklen Schiefern des Paläozoikums in der Talkerbe 3,35 km westsüdwestlich des Masalat

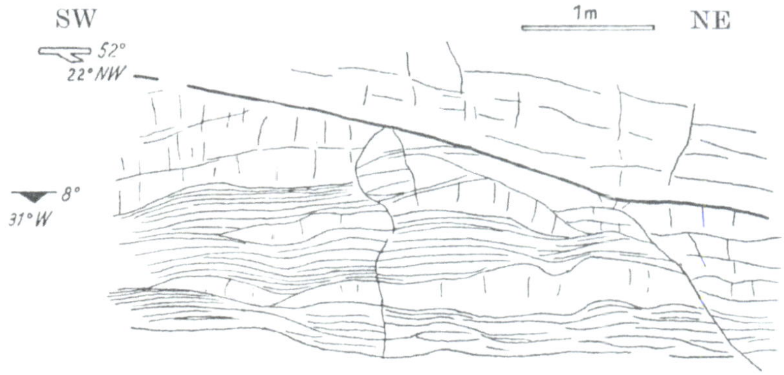

Abb. 21. Flach nach Nordwesten fallende Schubflächen mit Schleppungen im Liegenden nahe über der Deckenbasis, in der Talkerbe 3,37 km westsüdwestlich des Masalat

Nord-Transportes. So findet sich am Nordostrande des Kristallinkomplexes, unterhalb des Masalat, kataklastischer und mylonitischer Granit auf geschiefertem und deutlich geschlepptem Eozän. Unmittelbar unter dem kataklastischen Granit liegt eine etwa 20 cm mächtige dunkelgraue Ultramylonitbank, unter der stark durchbewegte schwarze Schiefer mit vereinzelten Geröllen folgen. Die Schieferung ist an Gleitflächen eindeutig in nördlicher Richtung geschleppt (Abb. 19).

Wichtiger im Sinne des Deckenbaues sind aber die Lagerungsverhältnisse an der Südgrenze des Granits, da der Schub von Süden kam. Beispielsweise liegt der in nordwärts überschobene Quetschlinsen zerlegte Granit im Taleinschnitt 3,25 km westsüdwestlich des Masalat auf Myloniten, unter denen dunkelgraue, phyllitische Schiefer des Paläozoikums mit eingequetschten Granitbruchstücken folgen (Abb. 20). Entsprechend sind die Klein-

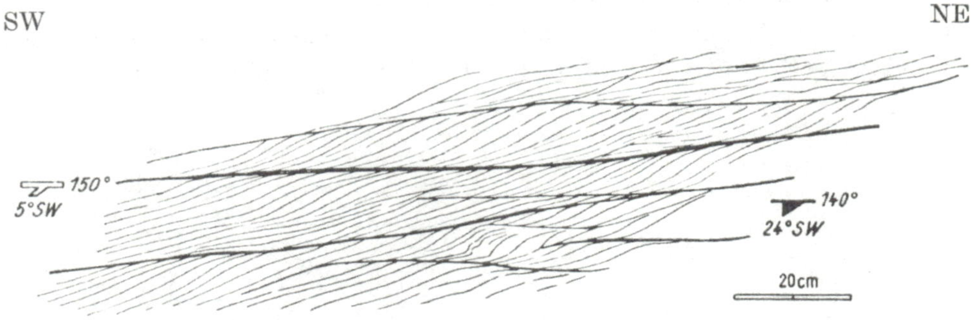

Abb. 22. Dichter, hellgrüner Granitmylonit in zahlreiche Gleitbretter aufgelöst, die flach nach Südwesten einfallen und deutliche Nordschleppungen des Parallelgefüges zeigen. Westhang der Talkerbe 2,5 km südwestlich des Masalat

strukturen an anderen Stellen des Granit-Südrandes beschaffen, wo die über der Deckenbahn lagernden Granitmylonite in Gleitbretter zerlegt wurden (Abb. 21 und 22).

Überall am Südrande des Granitmassivs liegt der Granit auf Eozän bzw. Senon und läßt eine flache Nordbewegung erkennen.

6. DAS GEFÜGE DER DECKENUNTERLAGE

Während sich das Gefüge der Granitdecke einem einheitlichen Bewegungsplan zuordnen läßt, ist das bei der Deckenunterlage nicht ohne weiteres möglich. Im Verbreitungsgebiet des Paläozoikums z. B. herrschen sehr komplizierte Lagerungsverhältnisse, so daß sich Großstrukturen nach den vorliegenden Messungen nicht konstruieren lassen. Unter den Kleinfalten, die im Wasserleitungsgraben nördlich Tyscha beobachtet wurden, finden sich überwiegend nordvergente Formen (Abb. 23).

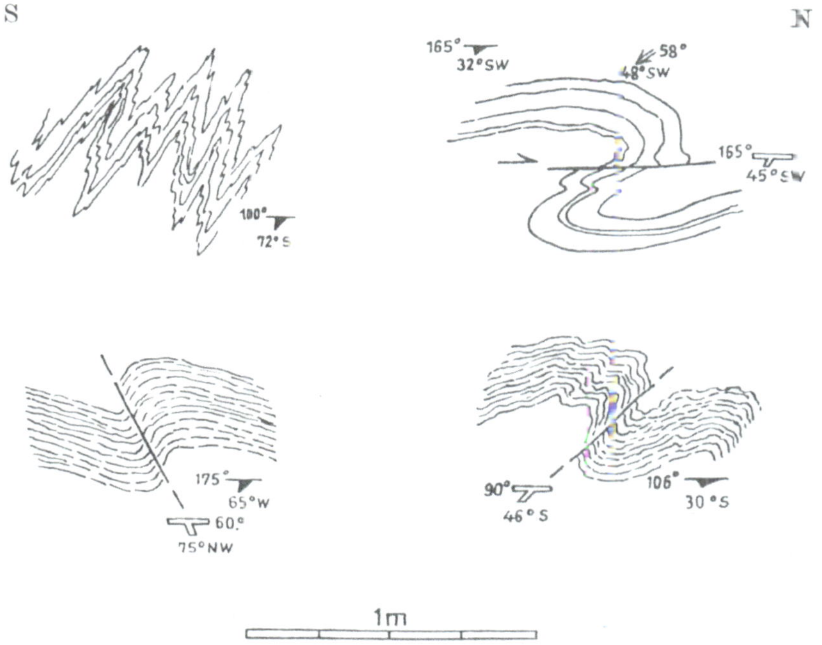

Abb. 23. Kleinfaltentypen in paläozoischen Schiefern im Wasserleitungsgraben nördlich Tyscha

Die triassischen Gesteinsfolgen bilden, wie bereits beschrieben, weiter unterhalb der Decke eine Ost–West streichende Antiklinale, deren Achse nach Osten einfällt. Im Norden des Atanas-Tepe zeigt das Tithon im Gabrownitzatal ebenfalls sattelförmige Lagerung mit Ost–West streichender Achse. Beide Großstrukturen, die Triasantiklinale wie die Tithonaufsattelung, besitzen anscheinend steile Süd-Vergenz. Im Tithon des Gabrownitzatales konnten an der Straße unterhalb der Hütte Masalat entsprechende südvergente Überschiebungen beobachtet werden. In beiden Fällen liegen also Strukturen vor, die im Gegensatz zu der Bewegung der Granitdecke stehen. Beide Großstrukturen sind, da sie wie die Diskordanzen und das geologische Kartenbild zeigen, von Senon und Eozän transgressiv überlagert werden, kretazischen Faltungen zuzuordnen. Senon und Eozän liegen annähernd flach oder sind nur schwach nach der einen oder anderen Richtung hin geneigt. Das breit ausstreichende Eozän am Ostrand der Decke fällt nach Westen ein.

Die Differenzen zwischen den Strukturen der Deckenunterlage und denen der Decke sind das Ergebnis verschieden alter Gebirgsbildungen. Die mehrfache orogene Beanspruchung des Gebietes hat natürlich ihren Niederschlag im Gesteinsgefüge gefunden, so daß mit der Subsummierung verschieden alter und verschiedenartiger Bewegungsmerkmale zu rechnen ist. Die Strukturen der Deckenunterlage haben daher zum großen Teil nichts mit der pyrenäischen Deckenüberschiebung zu tun und lassen sich in deren Bewegungsplan kaum einbeziehen. Hinzu kommen Komplikationen durch disharmonische Verformungen, wie sie z. B. in den Mitteltrias-Kalken der Nordostflanke der großen Triasantiklinale (südlich des Atanas-Tepe) beobachtet werden, wo deutliche, nur auf ein

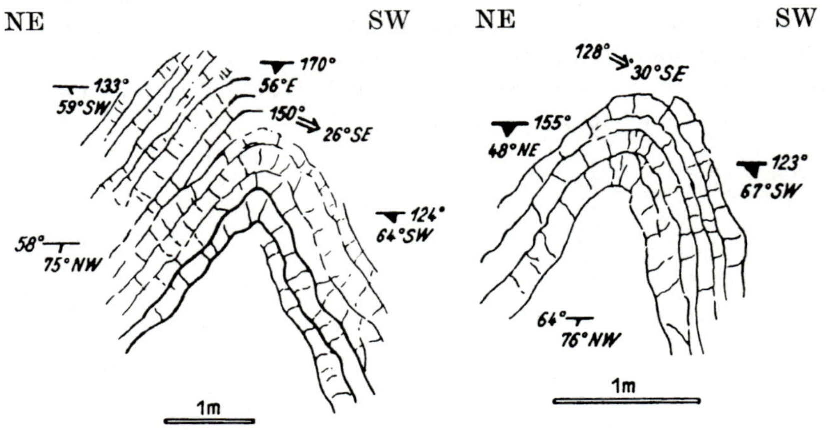

Abb. 24. Sättel in den Kalken des Senonfensters östlich der Hütte Tyscha

bestimmtes Schichtenpaket beschränkte, nordvergente Falten ausgeprägt sind. Ferner ist mit der Auswirkung von Anisotropien zu rechnen, die sich aus der wechselnden lithologischen Ausbildung der Formationen ergeben.

Von besonderem Interesse sind die Strukturen der beiden den Granit unmittelbar unterlagernden Schichtfolgen des Senons (Abb. 30) und des Eozäns (Abb. 31). Einige dieser Strukturen seien hier — vom Nordrande zum Südrande der Decke fortschreitend — beschrieben, und zwar zunächst die des Senons, dann die des Eozäns.

Besonders abnorm erscheinen im Hinblick auf den nordwärts bewegten Deckenbau Nord–Süd streichende Falten (Achsenlage etwa 10°/25° Süd) in den Senonkalken nördlich des Masalat. Im Senonfenster inmitten des Nordteils der Granitdecke herrschen etwa Nordwest–Südost-Schichtstreichen und gleichgerichtete Faltenachsen mit 20—30° Südost-Fallen vor. Falten mit steilstehender Achsenebene überwiegen häufig (Abb. 24).

An der Mandra nordöstlich Tyscha ist das Senon intensiv um 25°/20° Nordost verlaufende Achsen gefaltet. In der Wurzelzone nördlich Tyscha zeigt sich stellenweise eine ausgesprochene Faltenvergitterung von 120°/65° Südost und 80°/15° West gerichteten Achsen. Streichen und Vergenz der Falten im Senon wechseln z. T. stark. Diese Elemente stehen zu den Strukturen des Deckenschubes anscheinend in keiner Beziehung. Vielleicht sind sie großenteils laramischen Bewegungen zuzurechnen.

In dem aus Konglomeraten, Kalken und Schiefern aufgebauten Eozän finden sich neben abweichenden Gefügeelementen auch solche, die der pyrenäischen Hauptbewegung entsprechen. Diese sind speziell am Nordrande der Granitdecke entwickelt. Nördlich des Masalat treten im Eozänschiefer etwa 15 m unter der Überschiebung Kleinfalten mit flacher Mittelebene auf, deren Achsen 138°/7° SE streichen. Sie sind von Schubstörungen (124°/18° SW) begleitet, die Nordostvergenz anzeigen (Abb. 25). Daneben finden sich Nordost–Südwest und Nord–Süd streichende Falten mit ebenfalls flachen Achsenebenen. Hierbei bestätigt sich die auch in verschiedenen Teilen des mitteldeutschen Grundgebirges immer wieder gemachte Beobachtung, daß die Faltenachsen im Streichen umsomehr schwanken können, je flacher die Achsenebenen liegen, während die Achsen bei steilen Ebenen sich ganz an deren Streichen halten und nur geringfügig streuen. Ähnlich liegen die Verhältnisse weiter nordwestlich, am Westende des Gabrownitzatales, wo nordost-

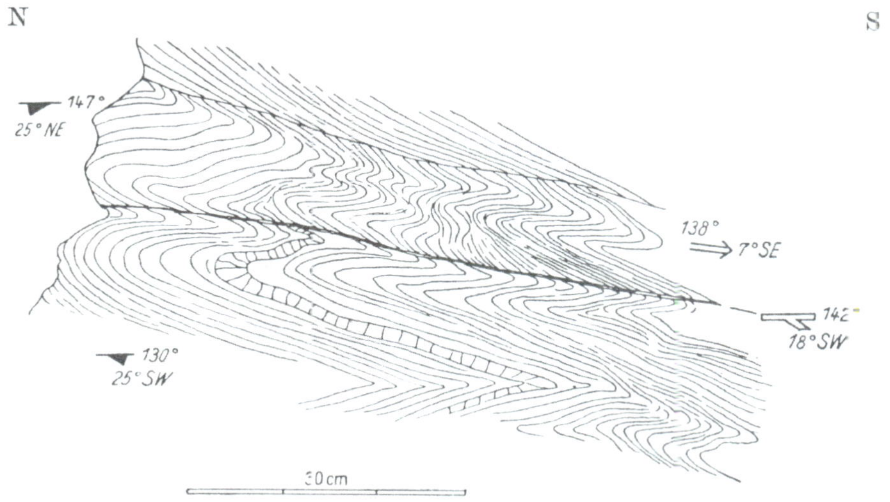

Abb. 25. Kleinfalten im Eozänschiefer unter der Deckenbahn etwa 1 km nördlich des Masalat

und ostvergente Falten mit relativ flachen Mittelebenen sichtbar sind (Abb. 41 und 42). Eine deutlich mit dem Horizontalschub zusammenhängende Überschiebung fand sich im Kalkschiefer des Eozäns im Taleinschnitt ca. 1,25 km nordnordwestlich des Masalat (Abb. 43) ca. 100 m unterhalb der Deckenbahn.

In der Ostrandzone des Deckenkomplexes ist westlich des Atanas-Tepe (Abb. 44) und südlich der „Weißen Quellen" im Eozän wiederum Nordostvergenz der Faltung ausgeprägt. Am Südostrand des Granits sind im Eozän Faltenformen mit Nord–Süd und Nordost–Südwest streichenden Achsen entwickelt. Die mehr oder weniger vertikalen Achsenebenen (Abb. 26) sprechen dafür, daß es sich um keine zum Deckenschub gehörenden Bewegungsbilder handelt. Sie dürften älter oder jünger als dieser sein. Die Faltung im Eozän ist naturgemäß vorwiegend in den Schiefern ausgeprägt. Infolge der zunehmenden Geröllführung des Eozäns gegen den Granit hin verschwinden mit Annäherung an die Deckenbasis auch die deutlich sichtbaren Faltenbilder.

Ein charakteristisches Merkmal des horizontalen Deckentransportes stellt die im Eozän verbreitete flache Schieferung dar, die am Südost-Rande der Deckscholle flach nach Süden einfällt. Die zu einer 97°/6° Ost streichenden Faltung gehörende im Tithon des Halbfensters unterhalb des Kosja Stena entwickelte Transversalschieferung (85°/35° Süd) wurde vermutlich bereits während der kretazischen Bewegungen angelegt.

Insgesamt überwiegen trotz vereinzelt sehr komplizierter Verhältnisse in der Deckenunterlage Nord–Süd bzw. Nordwest–Südost streichende Falten, die in der Mehrzahl östliche

Vergenzen haben und sich nur zu einem Teil dem Bewegungsplan der Deckentektonik zuordnen lassen. Ein großer Teil der Falten streicht annähernd Nord–Süd (Abb. 12), fällt also in die Symmetrieebene des pyrenäischen Bewegungsplanes. Diese Formen können das Ergebnis einer Querbeanspruchung sein, die evtl. zwischen Teilschollen der Decke bei

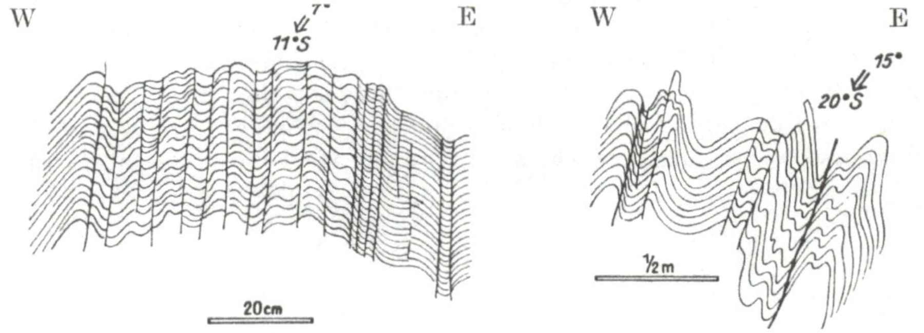

Abb. 26. Faltenformen in Kalkmergeln des Eozän nahe der Südostecke des Granits nordöstlich der Mandra von Tyscha

der Süd–Nord-Bewegung auftraten. Es ist aber auch denkbar, daß der Deckenkörper untergeordnete West–Ost-Bewegungen ausführte. Schließlich ist noch damit zu rechnen, daß die Nord–Süd-Elemente im Eozän anderen Bewegungsphasen angehören. Die des Senons können mit laramischen Einengungen in Verbindung gebracht werden.

Die Nord–Süd-Strukturen der Deckenunterlage können also in Bezug auf die Deckentektonik älter oder jünger sein und davon völlig unabhängige Elemente darstellen.

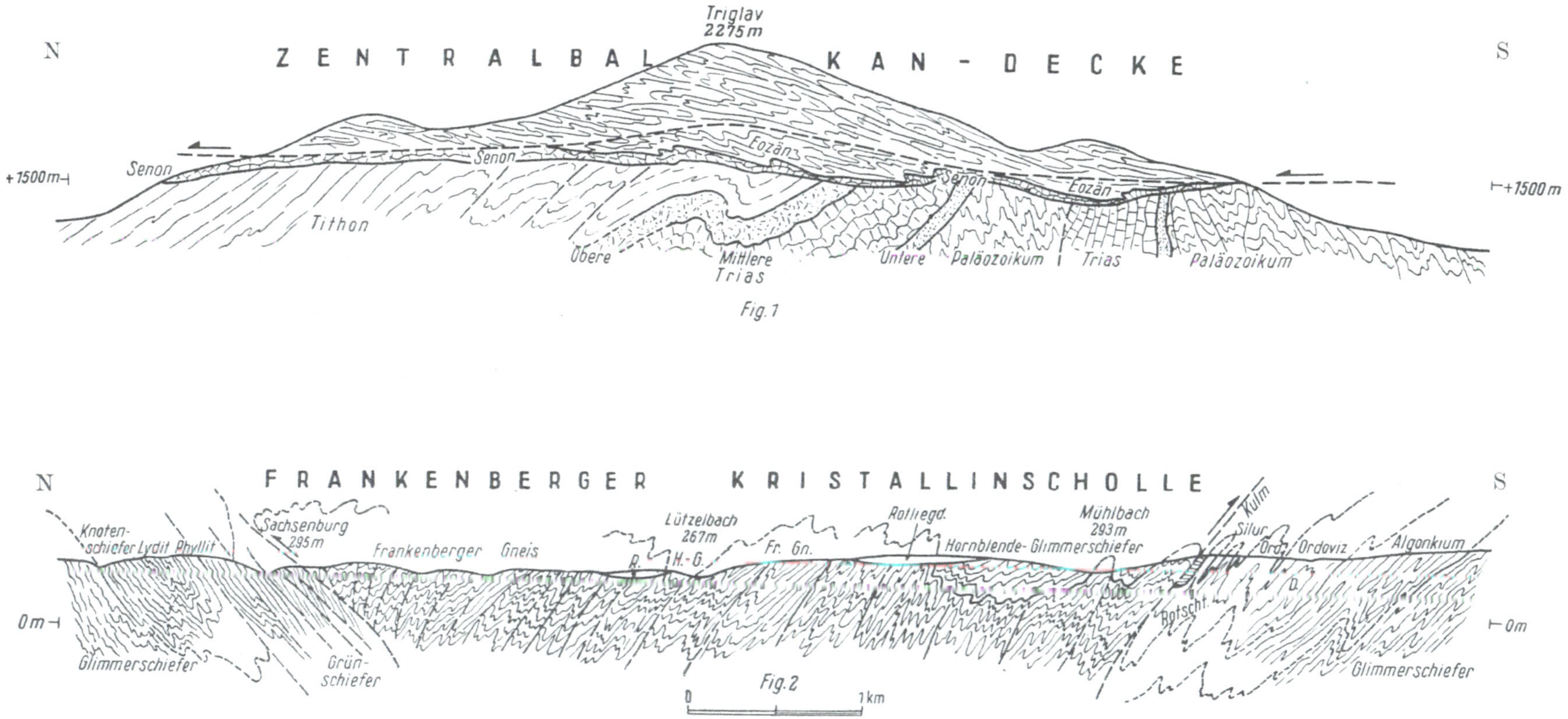

Abb. 27. Struktur und tektonische Position der Kristallinkomplexe im variszischen Zwischengebirge bei Frankenberg in Sachsen und im alpidischen Zentralbalkan

7. SCHLUSSFOLGERUNGEN

Wie einleitend erwähnt, geht die Deckennatur des Granits bereits eindeutig aus dem Kartenbild hervor. Den Beweis der allochthonen Auflagerungen liefern die Fenster und vor allem der Südrand der Decke, an dem der Granit evident von Eozän und Senon unterlagert wird. Die Gefügedaten der Decke und die Schleppungen an der Deckenbasis ergeben einen Bewegungsplan mit meridionaler Symmetrieebene und von Süden nach Norden gerichteten Transporten. Das schließt nicht aus, daß in Teilbereichen Bewegungen schief zur Symmetrieebene verliefen oder untergeordnete Ausgleichsbewegungen entgegen oder quer zu der regionalen Schubrichtung erfolgten.

Im Hinblick auf die starke Zertrümmerung und Mylonitisierung des Granits hat die Deckenunterlage, abgesehen von der Schieferung im feinklastischen und kalkigen Eozän, kaum eine wesentliche Umformung erlitten. Das erklärt sich z. T. aus der mechanischen Abschirmung des Untergrundes durch die starren Eozänkonglomerate. Es besteht aber auch unabhängig davon zwischen dem Deformationsgrad der Decke und dem ihrer Unterlage ein beträchtlicher Unterschied. Die Granite müssen also bereits bei der Abscherung in ihrem Ursprungsgebiet stark deformiert worden und als Mylonite an ihren heutigen Ort gelangt sein. Der Schub erfolgte aber nicht von Süden unten nach Norden oben im Sinne der heutigen Reliefunterschiede, sondern — wie E. Bončev annimmt — aus der laramisch gefalteten und damals sicher höher gelegenen Srednogorie in die im Norden vorgelagerte, mit Eozän gefüllte Vorsenke. Dabei dürften neben tangentialen Spannungen auch Schweregleitungen eine Rolle gespielt haben.

Erst durch jüngere Hebungen der Stara Planina gelangten die Granite und ihre Unterlage in ihre heutige relativ hohe Position. Andererseits erfolgte der Einbruch der südlich des Balkans gelegenen hinterbalkanischen Becken. Das zur Zeit der Deckenbildung bestehende Relief ist also später umgekehrt worden. Die jüngsten Heraushebungen und Beckeneinbrüche haben die morphologischen Unterschiede noch weiter verschärft.

In dem betrachteten Gebiet sind mindestens vier verschiedene Baupläne zu unterscheiden (Taf. 2):

1. Die komplizierte Lagerung des Paläozoikums mit wechselnder Vergenz, wechselndem Achsenstreichen und nicht selten steilem Achsenfallen.
2. Der Ost–West streichende flachachsige Großsattelbau der Trias und des Tithons, in dem teilweise Nord- und teilweise Südvergenz herrscht.
3. Der flachachsige Bau des Senons und Eozäns mit wechselndem, vorwiegend aber Nord–Süd bzw. Nordwest–Südost gerichtetem Achsenstreichen und häufiger Ostvergenz.
4. Der Deckenbau mit mehr oder weniger flachen Schubbahnen und von Süden nach Norden gerichteten Transporten.

Während die unter 1 genannte Tektonik sicher der variszischen Faltung zuzuordnen ist, sind die Strukturen unter 2 das Ergebnis kimmerischer oder kretazischer Bewegungen. Der 3. Bauplan wurde entweder vor oder während des Deckentransportes angelegt. Für die im Senon entwickelten Falten kommen auch laramische Bewegungen in Betracht. Der unter 4 genannte Deckenbau entstand in der Zeit zwischen Auvers und Priabon, d. h. während der pyrenäischen Gebirgsbildung.

Die Gefügeuntersuchungen in der Zentralbalkan-Decke und ihrer Unterlage haben gezeigt, daß hier lediglich das tektonische Inventar der Decke sicher zur Rekonstruktion des Bewegungsplanes der pyrenäischen Tangentialtransporte geeignet ist. Der Massentransport verlief dem hohen Niveau entsprechend im wesentlichen auf einer regionalen Schubbahn, wobei offensichtlich die Belastung durch die Decke (Mächtigkeit vielleicht ca. 500 m) nicht ausreichte, dem Untergrund ein entsprechendes Gefüge aufzuprägen. Ältere Strukturen und Diskordanzen sind daher in der Deckenunterlage meist unverändert erhalten. Im Gegensatz dazu wird bei tangentialen Massenverlagerungen in tieferen Gebirgsetagen der Transport auf eine Vielzahl von Scherflächen verlegt, wodurch große Teile des Liegenden und Hangenden in die Bewegung miteinbezogen werden und große Bereiche eine völlige Umprägung ihrer ursprünglichen Gefüge erleiden, wie z. B. etwa in weiten Teilen des Pennins der Schweizer Alpen.

Bei einem Vergleich zwischen Zentralbalkangranit und Sächsischem (Frankenberger) Zwischengebirgskristallin, die bei ähnlichen Dimensionen eine ähnliche Problematik aufweisen, ergibt sich, daß im Kartenbild zwar ähnliche, aber der Baugestaltung nach sehr verschiedene Gebirgskomplexe vorliegen. Während der Zwischengebirgsgneis und seine paläozoische Unterlage den vorliegenden Kleinstrukturen nach eine mehr oder weniger steile Südostaufpressung aus dem erzgebirgischen Becken gegen das Erzgebirge erfahren hat, zeigt das Gefüge des Zentralbalkangranits und seiner Unterlage flache Nordbewegung aus dem Schwellengebiet der Srednogorie in das damalige Becken der Balkanzone (Abb. 27). Strukturen, wie sie im Zentralbalkan vorliegen, müßten auch im Sächsischen Zwischengebirge vorhanden sein, wenn dieses nordwestvergenten Deckenbau haben würde, und man nicht annehmen will, daß die Spuren solcher Bewegungen durch jüngere Tektonik restlos getilgt wurden. Der Zwischengebirgsgneis ist daher mit ziemlicher Sicherheit autochthon, während der Zentralbalkangranit eine allochthone Position einnimmt. Offensichtlich ist in Räumen mit Gesteinskomplexen umstrittener tektonischer Stellung, wie in den beiden genannten Fällen, zur Entscheidung der Alternative, ob Decke oder autochthone Klippe, besonderer Wert auf die inneren Strukturen der bewegten Massen zu legen.

Abschließend seien die tektonischen Merkmale des Zentralbalkans zusammengestellt, die als Beweise für seinen Deckenbau gelten können:

1. Das geologische Kartenbild des Granits und speziell dessen ausgerandete Grenze, die in Tälern gegen den Granit zurückweicht und in Bergzonen nach außen vorspringt.
2. Das Vorhandensein von Fenstern im Granit sowie von Granitklippen auf Sedimenten und einer Wurzelzone, ferner die Existenz einer schmalen Verbindung von Deckschollengraniten mit den Graniten nördlich Karlovo.
3. Flache Gefüge- und Schubflächen sowie nordvergente Faltenüberschiebungen im Granitmylonit.
4. Flache Auflagerung des Granits auf dem Unterlager.
5. Bewegungsflächen und Falten mit mehr oder weniger flachen Achsenebenen und Nord- bzw. Nordostvergenzen im Unterlager des Granits.
6. Das Jüngerwerden benachbarter Schichten in Richtung auf den Granit statt eines Älterwerdens, wie das bei Antiklinalplutonen der Fall ist.
7. Das Fehlen jeglicher Kontaktmetamorphose in den an den Granit grenzenden Sedimenten.

8. ZUSAMMENFASSUNG

Einleitend wird eine kurze Übersicht der tektonischen Einheiten Bulgariens gegeben. Das Land gliedert sich von Süden nach Norden in die alte Rhodopische Masse, die variszisch gefaltete, dann regenerierte und laramisch erneut alpinotyp gefaltete Srednogorie, die pyrenäisch gefaltete Stara Planina und den gleichzeitig entstandenen und auf die Moesische Platte aufgeschobenen Vorbalkan.

Der inmitten paläozoischer, mesozoischer und tertiärer Schichtserien auftretende, etwa 30 km lange und bis 12 km breite Granitkomplex des zentralen Hochbalkans (Stara Planina-Zone) der Umgebung des Botevs (2376 m) wurde in seiner gut aufgeschlossenen nordöstlichen Randzone untersucht und seine tektonische Stellung als große Deckscholle bestätigt. Speziell kleintektonische Beobachtungen in der Decke unterstützen diese aus den großtektonischen Verhältnissen gewonnene Vorstellung. Im Liegenden der Schubmasse besteht kein einheitliches Bewegungsbild. Nur die unmittelbar unter der Deckenbasis liegenden Eozänschiefer besitzen der Bewegung entsprechende Strukturen. Andere, vor allem in tieferen Stockwerken auftretende Formen haben keine Beziehung zum Deckenschub.

Im Zentralbalkan sind mehrere Faltungen nachzuweisen. Die Trias überlagert diskordant gefaltetes Paläozoikum (variszische Faltung). Das Senon transgrediert über gefaltete triassische und jurassische Serien (austrische oder subherzyne Bewegungen). Das Eozän liegt diskordant auf Senon und älteren Schichten (laramische Faltung). Der Deckentransport, durch den die ca. 500 m mächtige Platte srednogorischer Granite von Süden her mehr als 12 km weit über das Senon und Eozän der Stara Planina geschoben wurde, erfolgte während der pyrenäischen Phase. Im untersuchten Gebiet sind also wenigstens 4 verschieden alte Bewegungspläne festzustellen.

РЕЗЮМЕ

Като встъпление се прави кратък преглед на морфотектонската подялба на България. Геоложката картина на страната се създава, като се започне от юг и се върви на север, от старите Родопски масиви, от изграденото окончателно към края на кредата Средногорие, от нагънатата през пиринейската фаза Стара планина и от същевременно образувания и полегнал върху Мизийската плоча Предбалкан.

Сред палеозойско-мезозойско-терциерните серии, които изграждат Средна Стара планина, по високите дялове на Балкана, в околностите на връх Ботев (2376 м.), е проучен (предимно в неговата добре разкрита североизточна част) един около 30 км. дълъг и 12 км. широк гранитен комплекс. Вследствие на тези проучвания се потвърждава неговото тектонско положение като голям навлак. Специалните дребнотектонски изследвания върху навлака подкрепят добитата при обикновените тектонски наблюдения представа.

В основата (подложката) на навлечените маси не се наблюдава една еднородна картина на движение. Само лежащите непосредствено под основата на навлака еоценски серии притежават съответствуващи на движението структури. Другите формации, и преди всичко дълбоколежащите пластове на разкриващите се структури, нямат никакво отношение към навличането.

В Средна Стара планина се установяват няколко нагъвания. Триасът се разполага дискордантно върху нагънатия палеозой (варисцийска фаза). Сенонът трансгредира върху нагънатите триаски и юрски серии (австрийско или субхерцинско нагъвателно движение). Еоценът лежи дискордантно върху сенона и по-старите формации (ларамийска фаза). Голямото повече от 12 км. навличане на дебелите около 500 м. средногорски гранити станало върху сенона и еоцена на Стара планина, е следствие вероятно на пиринейската фаза. В изледваната област са установени следователно 4 различни по възраст *планове на движение*.

SUMMARY

The tectonics of Bulgaria is briefly outlined.

From south to north the country can be divided into five zones: the old Rhodopian Mass, the Srednogorie — folded by the Laramide revolution —, the Stara Planina mountain chain and the Pre-Balkan, both formed by a Late Eocenic folding (Pyreneic phase). The Pre-Balkan is overthrusted towards the Moesian Plate the stabilized northern foreland of the orogenic belt in the south.

The granitic complex of the Botev area (Stara Planina) is situated in an environment of Palaeozoic, Mesozoic and Tertiary rocks and shows a length of about 30 km and a width of 12 km. The north-eastern part of it is well exposed and was investigated by structural geological methods.

Special structural and petrofabric observations support the conception of those investigators who — according to the geological main features of the Botev area — consider the granitic complex to be a nappe.

The structures of the rocks (Eocenic, Senonian) situated directly under the thrust plane prove that only the uppermost parts of the underlying series were involved in the thrusting. The axial fabric of the deeper basement cannot be referred to the nappe movement.

In the Central Balkan several foldings of different ages have been ascertained. The Triassic rests unconformably on folded Palaeozoic (Hercynian orogeny). The Senonian overlaps folded Triassic and Jurassic series (Middle or Late Cretaceous folding). The Eocenic transgressed on inclined Senonian and older rocks (Laramide phase).

The sheet of Srednogorian granits (thickness nearly 500 m) was passed over the Senonian and Eocenic series of the Stara Planina by Post-Lutetian movements (Pyreneic phase). The length of transport directed from south to north was at least 12 km.

9. LITERATUR

ANTONOV, H.: Geologie des hohen Zentralbalkans zwischen den Rusaliski- und Imitlijski-Pässen und des Vorbalkans im oberen Verlauf des Rosica-Flusses. — Z. Bulgar. Geol. Ges. 13, S. 137—197. Sofia 1941. (Bulgar. mit deutscher Zusammenfassung.)

BONCEV, E.: Geologija na Bulgarija. I. Sofia 1955.

BONČEV, ST.: Geologie der westlichen Stara-planina. Grundzüge des geologischen Baus der westlichen Stara-planina. — Ber. Bulgar. naturw. Ges. 4. 1910 (Bulgar.).

BONČEV, ST.: Warum ist der Nordabhang der westlichen Stara-planina und der Südabhang der mittleren Stara-planina steil? — Jahrb. Univ. Sofia Phys.-math. Fak. II 23, 3, Naturw. S. 157—180. Sofia 1927. (Bulgar.).

DIMITROV, STR.: Der Witoscha-Pluton. — Ann. Univ. Sofia. Fac. phys.-math. 37, 3, S. 89—170. Sofia 1942. (Bulgar.).

KOCKEL, C. W.: Balkanforschungen des Geologischen Institutes der Universität Leipzig. I. Reise 1926. III. Zur Stratigraphie und Tektonik Bulgariens. — Geologische Rundsch. XVIII, H, 5, S. 350—395. Berlin 1927.

LANDŽEV, I. N.: Géologie d'une partie du Balkan et le Prébalkan central dans le Bassin de la rivière Vidima (Bulgarie). — Rev. Soc. Géol. Bulgare 12, 1, S. 29—68. Sofia 1940. (Bulgar. mit französ. Zusammenfassung).

MASAROWITSCH, A. N.: Grundlagen der regionalen Geologie der Erdteile. Deutscher Verl. d. Wiss. Berlin 1958.

MURATOV, M. V.: Die grundlegenden Strukturelemente des alpiden Geosynklinalgebietes des Südens der UdSSR und einiger angrenzender Länder. — Mitt. Akad. Wiss. UdSSR, Geol. Ser. 1946, 1, Moskau—Leningrad 1946. (Russisch).

MURATOV, M. V.: Tektonik und Entwicklungsgeschichte des alpiden Geosynklinalgebietes im Süden des europäischen Teils der UdSSR und in den angrenzenden Ländern. — Tektonik der UdSSR II. Moskau—Leningrad 1949. (Russisch).

NIKOLOV, N. & W. G. RADEV: Hydro-geologische Untersuchung der Umgebung der Thermalquellen im Karlovo-Bezirk, Bulgarien. — Z. Bulgar, Geol. Ges. 1, 1, S. 5—30. Sofia 1927. (Bulgar. mit deutsch. Zusammenfassung).

BILDERANHANG

Abb. 28. Regelmäßig geklüfteter Aplitgranit am Nordrand der Decke ca. 2,5 km westlich der „Singenden Felsen"
Hauptklüftung 36°/90°, Lage der s-Flächen ca. 137°/21° Südwest
Blick nach Südwesten

Abb. 29. Granitwurzel nördlich von Tyscha
Die Granitplatte hebt sich morphologisch deutlich gegen das unterlagernde Turon und Senon ab

Abb. 30. Typisch dickflasrige bis wellige Senonkalke mit kleinen Flintknollen 1,3 km nordnordöstlich des Masalat

Abb. 31. Eozänkonglomerat 0,5 km nordöstlich der „Weißen Quellen“ am Ostrand der Decke

Abb. 32. Rötlicher kataklastischer Granit vom Osthang des Mara Gidik

Abb. 33. Augiger Mylonit mit fleischfarbenen Feldspatrelikten in dunkelgrüner Trümmermasse aus dem Bachbett östlich des Tyschatales oberhalb der Deckenbasis

Abb. 34. Hellgrüner Mylonit mit kleinen rosafarbenen Feldspatbruchstücken von Tyscha

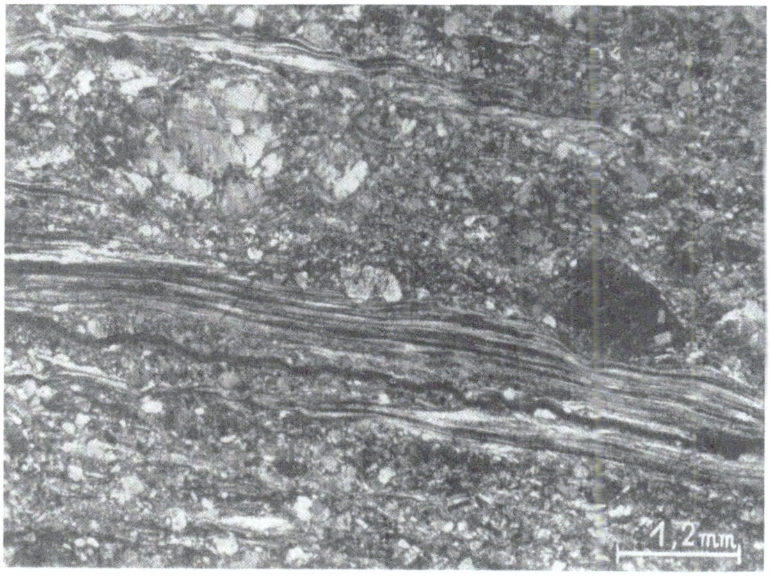

Abb. 35. Flächiges Parallelgefüge der Granitmylonite
Die einzelnen Gleitbahnen sind mit fein zerriebener Quarzmasse belegt
Pol. Licht

Abb. 36. Flächiges Parallelgefüge im Granit (148°/13° Südwest)
2 km südwestlich des Masalat

Abb. 37. Teil der Nordost-Randzone des Granitkomplexes unterhalb des Masalat mit einer infolge Schweregleitung in den Bereich des unterlagernden Eozän abgerutschten Granitscholle (×). Gebrochene Linie Deckenunterkante; darunter Eozän

Abb. 38. Blick nach Norden auf den Südhang des Gebirges und die sich morphologisch deutlich abhebende Granitdecke. Der Hang besteht vorwiegend aus paläozoischen Gesteinen; unmittelber unter der Granitplatte liegt Eozän und Senon

Abb. 39. Nordschübe auf flachen Bahnen (140°/20° Südwest; Gleitstreifen 35°/15° Südwest) im Granit

Abb. 40. Schleppungen (weiße Linien) im Sinne einer Nordbewegung an einer flach nach Nordosten fallenden Störungsbahn (123°/22° Nordost, Rillung 24°/22° Nordost), das flächige Parallelgefüge liegt 109°/26° Süd. Westhang des Taleinschnittes 2,25 km südwestlich des Masalat in der Nähe des Deckensüdrandes

Abb. 41. Nordostvergente Falte (145°/10° Südost) im Eozänschiefer
2,25 km nordnordwestlich des Masalat

Abb. 42. Ostvergente Falte (15°/14° Südsüdwest) im Eozän
2,25 km nordnordwestlich des Masalat

Abb. 43. Flache Überschiebung (136°/8° Südwest, Rillung 165°/4° Südsüdost) in eozänen Kalken und Kalkschiefern 1,25 km nordnordwestlich des Masalat

Abb. 44. Nordostvergente Falte (147°/11° Südost) in phyllitisierten Schiefern und Grauwacken des Eozäns am Paßweg westlich des Atanas-Tepe

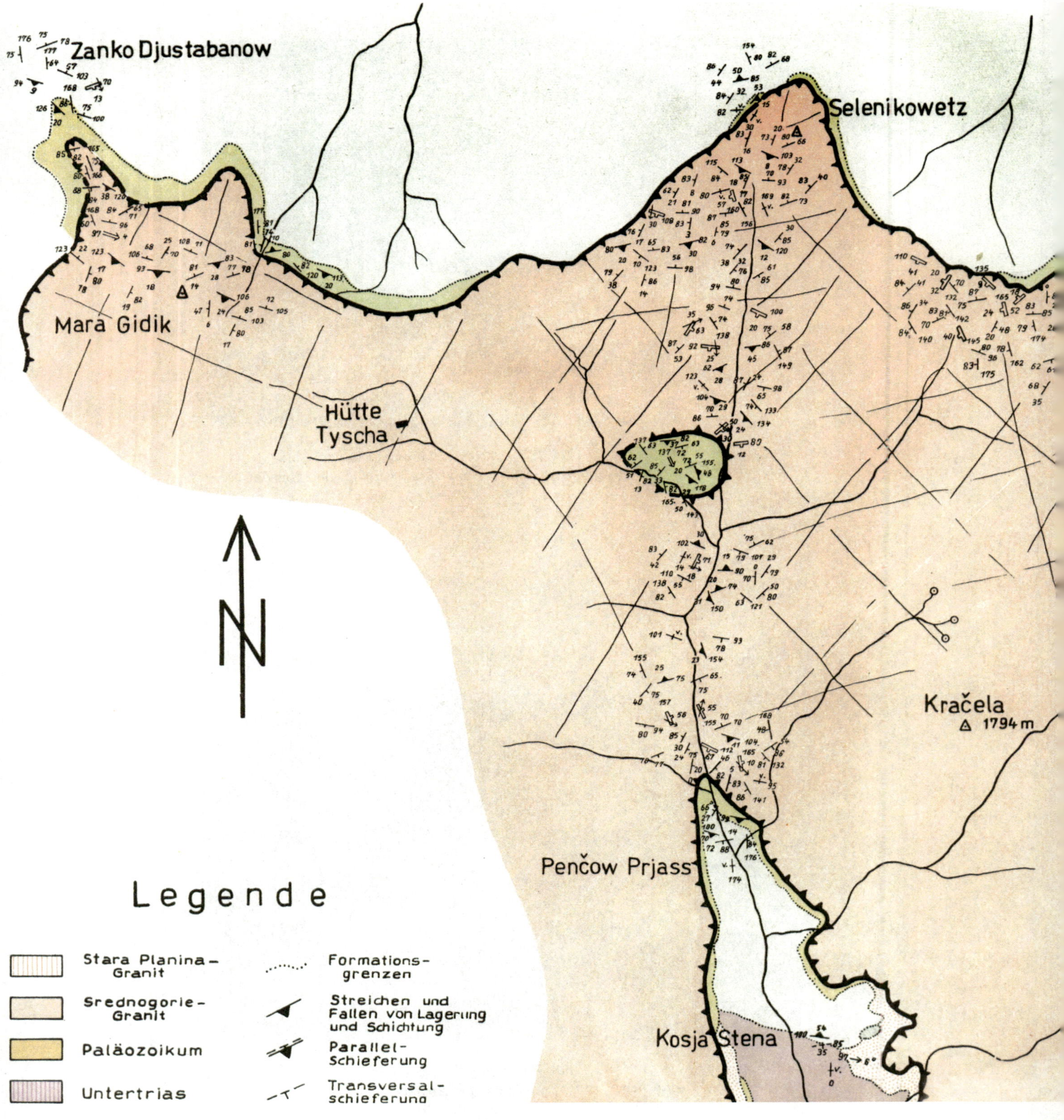

Zanko Djustabanow
Selenikowetz
Mara Gidik
Hütte Tyscha
N
Kračela
Δ 1794 m
Penčow Prjass
Kosja Stena
Legende
Stara Planina-Granit
Srednogorie-Granit
Paläozoikum
Untertrias
Formationsgrenzen
Streichen und Fallen von Lagerung und Schichtung
Parallel-Schieferung
Transversal-schieferung

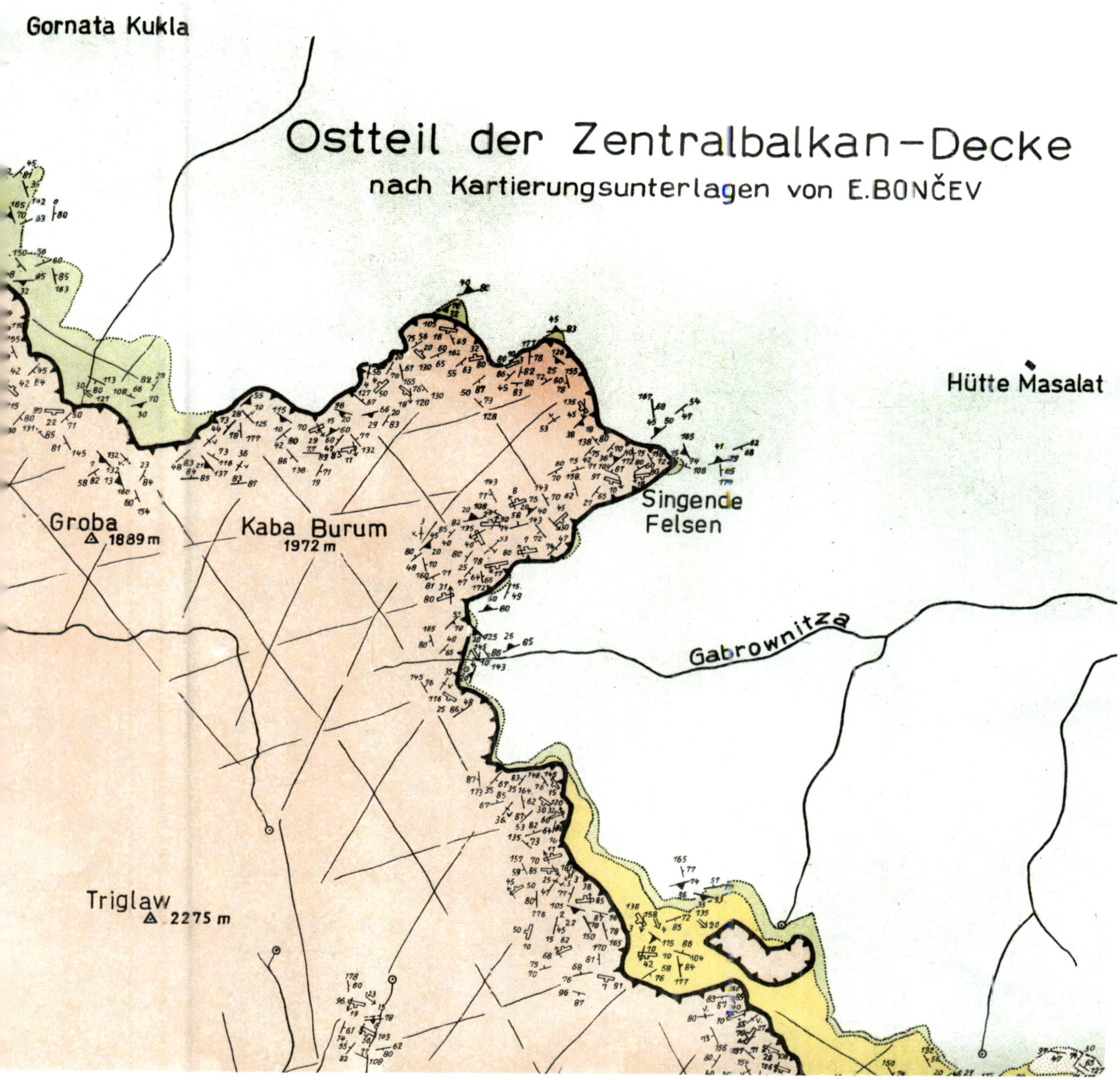
Gornata Kukla
Ostteil der Zentralbalkan-Decke
nach Kartierungsunterlagen von E. BONČEV
Hütte Masalat
Singende Felsen
Groba
1889 m
Kaba Burum
1972 m
Gabrownitza
Triglaw
2275 m

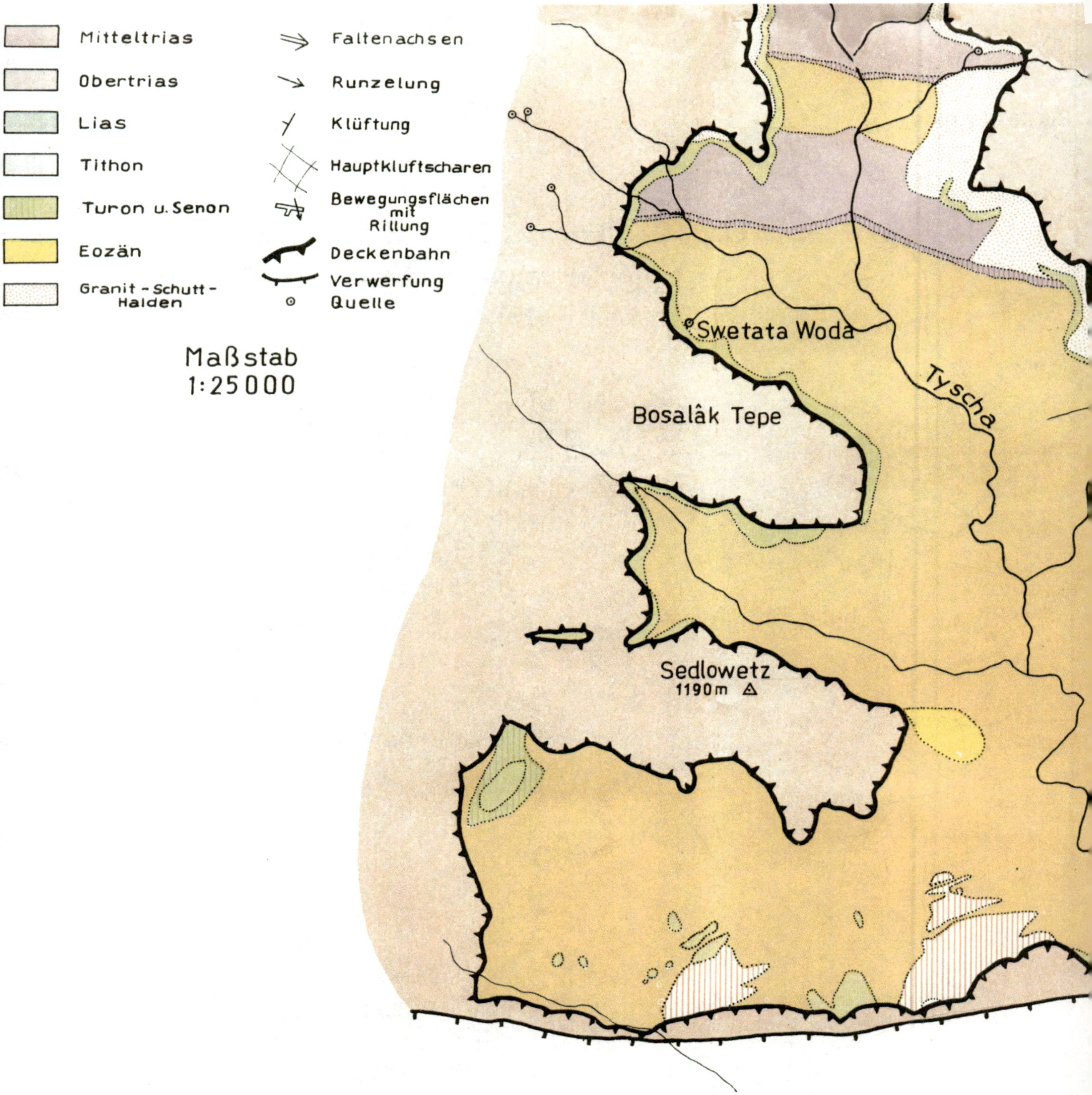

Aus: Schmidt/Schwan, „Tektonische Untersuchungen in der Nordost-Randzone der Zentralbalkandecke"

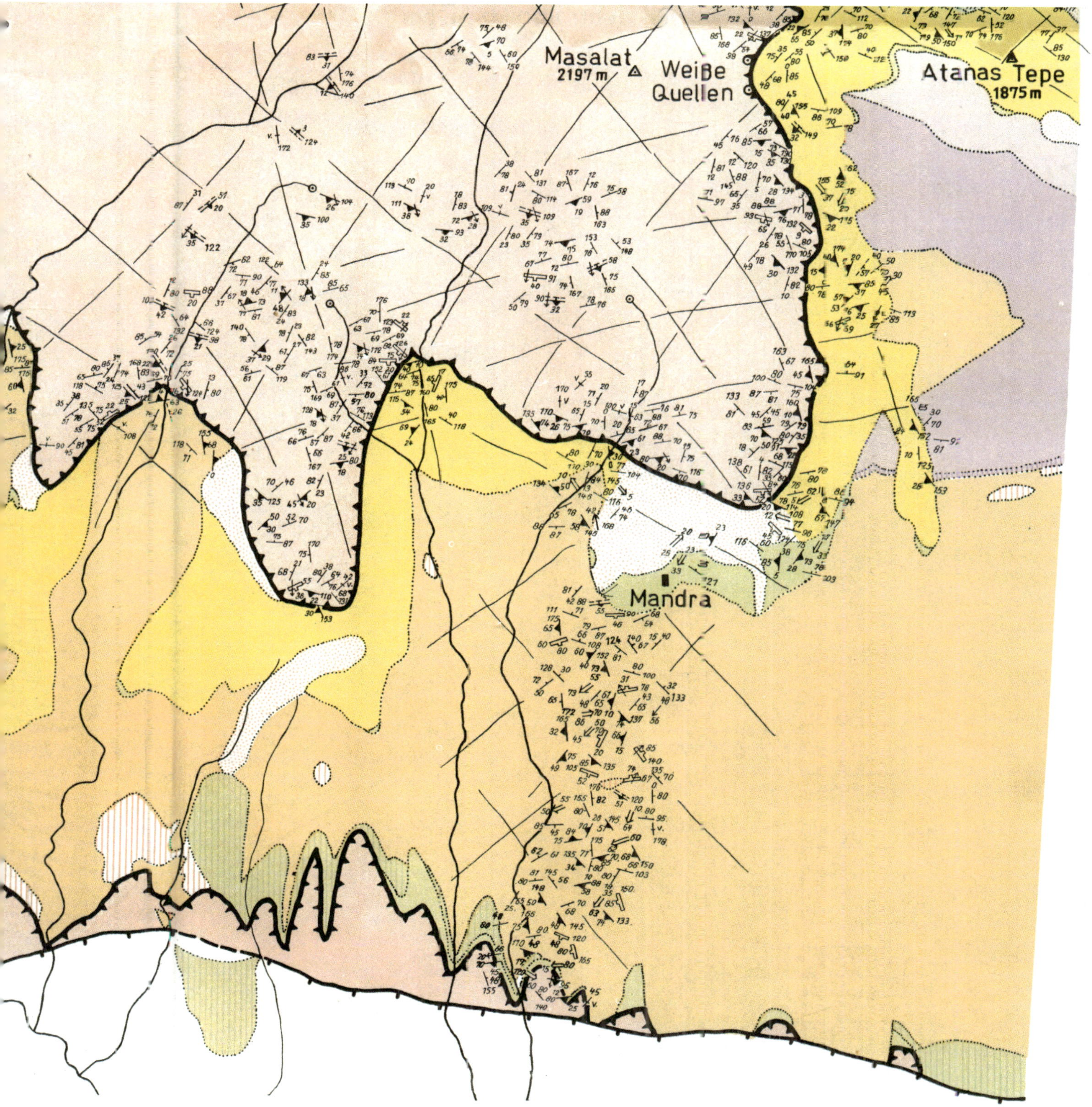

Erschienen im Akademie Verlag, Berlin · MdI der DDR Nr. 5279
Herstellung und Druck: VEB Hermann Haack, Werk Leipzig · Lizenz Nr. K 3/57

Schematisches Blockbild der Lagerungsverhältnisse im Ostteil der Zentralbalkan-Decke

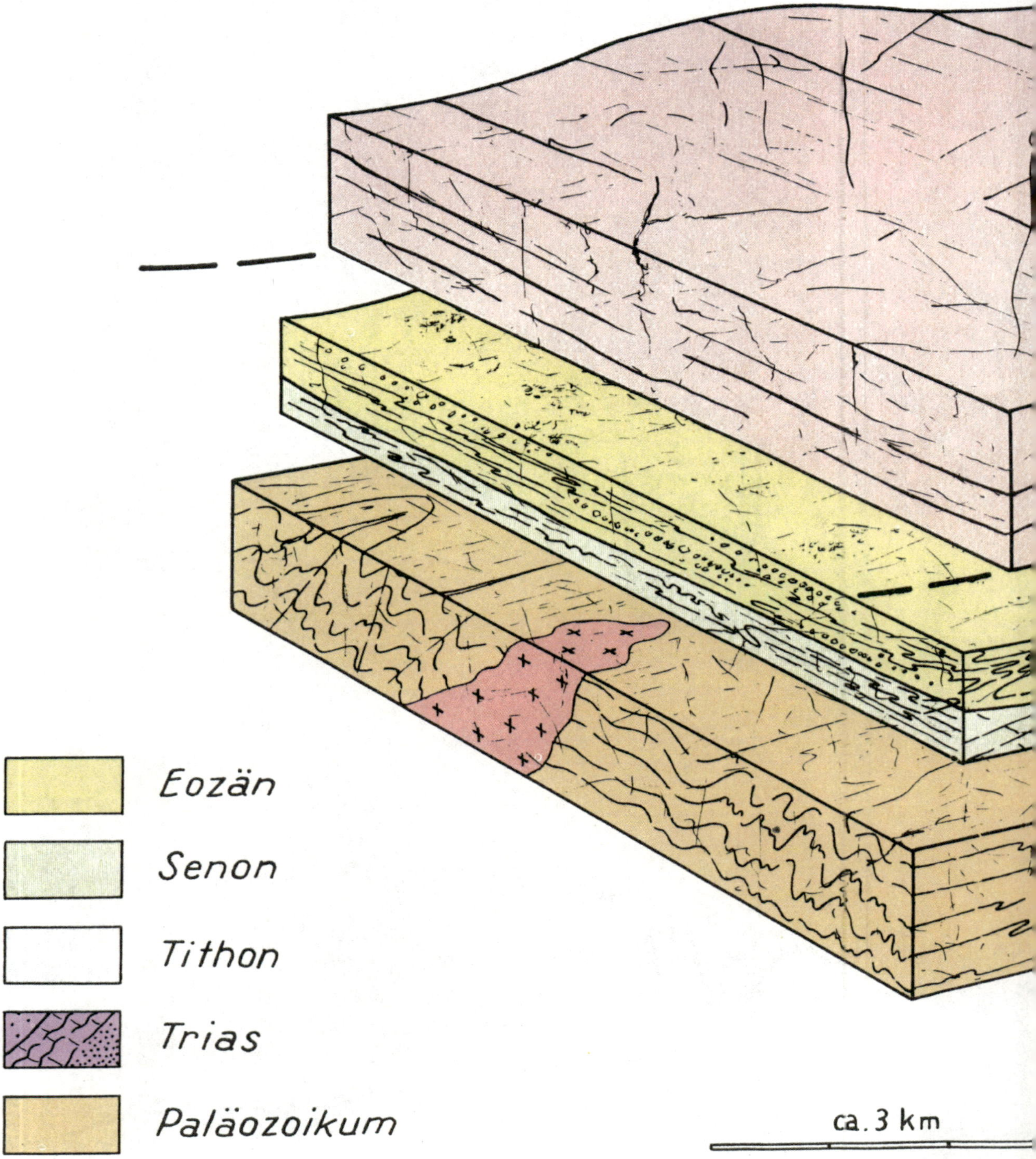

Aus: Schmidt/Schwan, „Tektonische Untersuchungen in der Nordost-Randzone der Zentralbalkandecke"

Erschienen im Akademie Verlag, Berlin

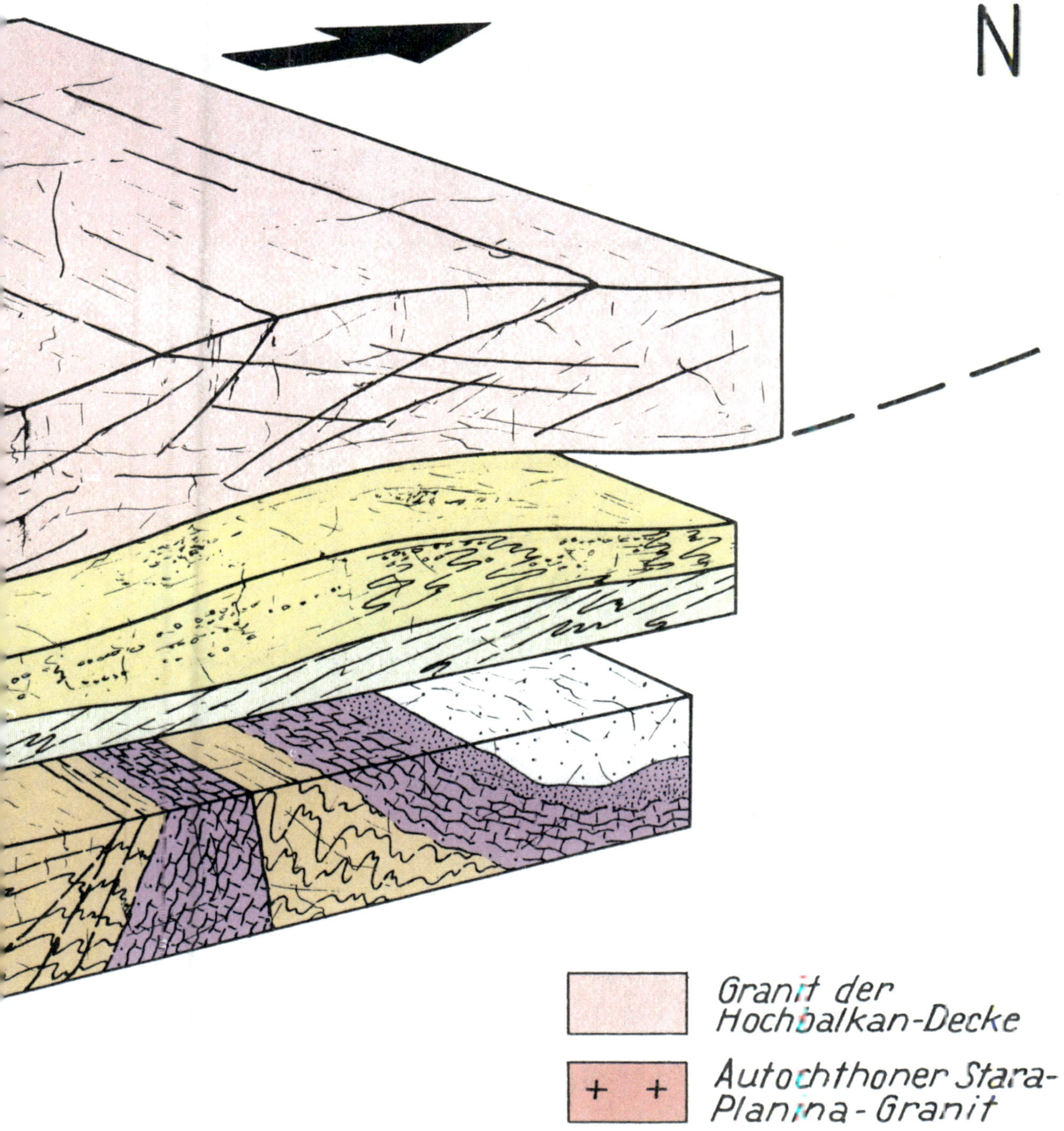

r DDR Nr. 5279

Herstellung und Druck: VEB Hermann Haack, Werk Leipzig · Lizenz Nr. K 3/57

In der gleichen Schriftenreihe erschienen im Jahrgang 1959:

Heft 1 HANS HELMUTH WUNSCH: **Maßnahmen zur Reinhaltung unserer Gewässer im Rahmen des Ministerratsbeschlusses vom 15. März 56 (Gesetzblatt 30/10)**

1959. 28 Seiten — 4° — DM 2,80

Heft 2 HERMANN JAEGER: **Graptolithen und Stratigraphie des jüngsten Thüringer Silurs**

1959. 197 Seiten — 27 Abbildungen, davon 2 als Falttafeln — 14 Tafeln — 7 Tabellen — 4° — DM 27,—

Heft 3 EBERHARD GRUMBT: **Der Nordostrand des Thüringer Waldes zwischen Ruhlaer Kristallin und Schwarzburger Sattel**

1960. IV, 76 Seiten — 43 Abbildungen, davon 14 auf 7 Tafeln — 4 Tabellen — 1 Falttabelle — 16 Tafeln, davon 5 mehrfarbige, in einer Schlaufe — 4° — DM 30,—

Heft 4 RICHARD N. WEGNER: **Der Schädelbau der Lederschildkröte Dermochelys coriacea Linné (1766).** Eine ausführliche Monographie des Schädelbaus dieser Schildkröte nebst Bemerkungen über andere Formen

1959. 60 Seiten — 37 Abbildungen — 17 Tafeln — 4° — DM 24,—

Heft 5 GÜNTHER KUNKEL: **Meteorologisch-mikroklimatologische Beobachtungen in Valdivia (Südchile)**

1959. XIV, 413 Seiten, davon 308 Seiten Offsettabellen — 56 Abbildungen, davon 1 als Falttafel — 30 Tabellen — 4° — DM 45,—

Heft 6 THEODOR MUSTERLE: **Grenzen der Bilanzierung der Wasserwirtschaft**

1959. 12 Seiten — 1 Abbildung — 4° — DM 1,80

Heft 7 Noch nicht erschienen

Heft 8 KLAUS RAUKOPF: **Pollenanalytische Untersuchungen zur Feinstratigraphie der Tertiärkohlen von Mecklenburg, Berlin und der Lausitz**

1959. 24 Seiten — 5 Kunstdrucktafeln — 2 Falttafeln in einer Schlaufe — 4° — DM 6,—

Heft 9 **Gas-Chromatographie 1958.** Vorträge und Diskussionsbeiträge gehalten auf dem 1. Symposium über Gas-Chromatographie der Arbeitsgemeinschaft Gas-Chromatographie der Deutschen Demokratischen Republik vom 9.—11. Oktober 1958 in Leipzig
Bearbeitet von HANS-PETER ANGELÉ

1959. VI, 338 Seiten — 143 Abbildungen — 32 Tabellen — 4° — DM 25,—

Bestellungen an eine Buchhandlung erbeten

A K A D E M I E - V E R L A G · B E R L I N

FSC
www.fsc.org
MIX
Papier | Fördert gute Waldnutzung
FSC® C083411

Kolibri 360 GmbH
Ferdinand-Jühlke-Straße 7
99095 Erfurt, Deutschland
produktsicherheit@kolibri360.de